农业行业国家职业技能标准汇编

标准汇编

种植业卷

熊红利　张　曦　主编

U0230207

中国农业出版社

编写人员名单

主　　编：熊红利　张　曦

副 主 编：王　航　田有国

编写人员（按姓名笔画排序）：

牛建刚　卢　红　史　楠　刘元宝

刘学琴　李松坚　张　勋　张国鸣

陈　鹏　姜忠涛　钱卫华　徐　娟

唐卫红　彭青香

前　　言

　　国家职业标准是在职业分类的基础上，根据职业
（工种）的活动内容，对从业人员工作能力水平的规范化
要求，它是开展职业教育培训、鉴定考核、技能竞赛等
活动的基本依据。

　　近年来，农业部认真贯彻落实党中央、国务院关于
加快推进农业行业职业技能开发和农业技能人才培养的
决策和部署，不断完善农业行业国家职业技能标准体系。
截至 2014 年底，共制（修）订 124 项农业行业国家（行
业）职业标准，为农业技能人才的开发工作奠定了坚实
基础。为方便种植业职业技能鉴定管理人员、相关专家、
用人单位及广大从业人员学习使用，我们对 2003 年以来
制（修）订的种植业行业职业技能标准进行了整理汇编，
包括国家职业（技能）标准和农业行业标准两部分。本
书第三部分还收录了人力资源和社会保障部、农业部有
关职业技能鉴定的一系列规章制度。希望本书的出版，
对从事种植业职业技能开发工作的同志有所帮助。

　　特别声明：本着尊重原著的原则，除明显差错外，
对标准中涉及的有关量、符号、单位和编写体例均未做
统一改动。

　　由于时间仓促，编写过程中难免出现疏漏和不妥之处，敬请读者批评指正。

编　者

2016 年 5 月

目　录

第二部分　农业行业标准

第三部分　农业部规章制度及编制规程

第一部分

国家职业(技能)标准

农业技术指导员
国家职业标准

1 职业概况

1.1 职业名称

农业技术指导员。

1.2 职业定义

从事农业技术指导、技术咨询、技术培训、技术开发和信息服务的人员。

1.3 职业等级

本职业共设三个等级,分别为:三级农业技术指导员(国家职业资格三级)、二级农业技术指导员(国家职业资格二级)、一级农业技术指导员(国家职业资格一级)。

1.4 职业环境条件

室内、室外。

1.5 职业能力特征

具有一定的学习、理解、分析、推理、判断、协调、沟通、计算和表达能力,以及颜色辨别能力。

1.6　基本文化程度

高中毕业(或同等学力)。

1.7　培训要求

1.7.1　培训期限

全日制职业学校教育,根据其培养目标和教学计划确定。晋级培训期限:三级农业技术指导员不少于 90 标准学时;二级农业技术指导员不少于 60 标准学时;一级农业技术指导员不少于 40 标准学时。

1.7.2　培训教师

培训三级农业技术指导员、二级农业技术指导员的教师应具有本职业一级农业技术指导员职业资格证书,或相关专业副高级专业技术职务任职资格;培训一级农业技术指导员的教师应具有本职业一级农业技术指导员职业资格证书,或相关专业正高级专业技术职务任职资格。

1.7.3　培训场地与设备

具备满足教学需要的标准教室、实验室和教学试验基地,以及相应的仪器设备和相关教学用具。

1.8　鉴定要求

1.8.1　适用对象

从事或准备从事本职业的人员。

1.8.2　申报条件

——三级农业技术指导员(具备以下条件之一者):

(1)连续从事本职业工作8年以上。

(2)取得相关专业中专毕业证书后,连续从事相关工作3年以上,经本职业三级农业技术指导员正规培训达到规定标准学时数,并取得结业证书。

(3)取得相关专业大学专科以上、职业技术学院或相应学校相关专业毕业证书后,连续从事本职业工作2年以上。

(4)取得相关职业两个或两个以上高级职业资格证书后,连续从事本职业工作1年以上。

(5)获得中级以上农民技术员职称5年的种养大户、技术能手。

——二级农业技术指导员(具备以下条件之一者):

(1)连续从事本职业工作15年以上。

(2)取得本职业三级农业技术指导员职业资格证书后,连续从事本职业工作5年以上。

(3)取得本职业三级农业技术指导员职业资格证书后,连续从事本职业工作4年以上,经本职业二级农业技术指导员正规培训达到规定标准学时数,并取得结业证书。

(4)取得相关专业大学专科以上毕业证书后,连续从事本职业或相关工作5年以上,经本职业二级农业技术指导员正规培训达到规定标准学时数,并取得结业证书。

——一级农业技术指导员(具备以下条件之一者):

(1)连续从事本职业工作25年以上。

(2)取得本职业二级农业技术指导员职业资格证书后,连续从事本职业工作4年以上。

(3)取得本职业二级农业技术指导员职业资格证书后,连续从事本职业工作3年以上,经本职业一级农业技术指导员正规培训达到规定标准学时数,并取得结业证书。

1.8.3　鉴定方式

分为理论知识考试和技能操作考核。理论知识考试采用闭卷笔试方式,技能操作考核采用现场实际操作方式。理论知识考试和技能操作考核均实行百分制,成绩皆达 60 分及以上者为合格。二级农业技术指导员、一级农业技术指导员还须进行综合评审。

1.8.4　考评人员与考生配比

理论知识考试考评人员与考生配比为 1∶20,每个标准教室不少于 2 名考评人员;技能操作考核考评人员与考生配比为 1∶5,且不少于 3 名考评人员;综合评审委员不少于 5 名。

1.8.5　鉴定时间

理论知识考试时间不少于 90 分钟,技能操作考核时间不少于 60 分钟,综合评审时间不少于 30 分钟。

1.8.6　鉴定场所及设备

理论知识考试在标准教室里进行;技能操作考核在具备满足技能鉴定需要的场所进行,并配备符合相应等级考核所需的材料、工具、设施和设备。

2　基本要求

2.1　职业道德

2.1.1　职业道德基本知识

2.1.2　职业守则

(1)爱岗敬业,服务三农。

(2)尊重科学,求真务实。

(3)吃苦耐劳,无私奉献。

(4)团结协作,勇于创新。

2.2　基础知识

2.2.1　种植业基础知识

2.2.1.1　专业基础知识

(1)植物学及植物生理学基础知识。

(2)农作物栽培基础知识。

(3)农作物病虫草害发生与防治基础知识。

(4)土壤与肥料基础知识。

(5)农业生态环境保护基础知识。

(6)农产品储藏、保鲜、加工基础知识。

2.2.1.2　相关法律、法规知识

(1)《中华人民共和国农业法》的相关知识。

(2)《中华人民共和国农业技术推广法》的相关知识。

(3)《中华人民共和国种子法》及其配套法规知识。

(4)《农药管理条例》及其实施细则的相关知识。

(5)《植物检疫管理条例》及其实施细则的相关知识。

(6)其他相关法律、规定及政策知识。

2.2.2　畜牧业基础知识

2.2.2.1　专业基础知识

(1)畜禽品种基础知识。

(2)畜禽营养与生产基础知识。

(3)畜禽疫病防治基础知识。

(4)畜禽饲养与管理基础知识。

(5)畜禽舍建设基础知识。

2.2.2.2　相关法律、法规知识

(1)《中华人民共和国农业法》的相关知识。

(2)《中华人民共和国农业技术推广法》的相关知识。

(3)《中华人民共和国草原法》的相关知识。

(4)《中华人民共和国动物防疫法》的相关知识。

(5)其他相关法律、法规及政策知识。

2.2.3　水产业基础知识

2.2.3.1　专业基础知识

(1)水产生物学基础知识。

(2)水产养殖及苗种繁育基础知识。

(3)水产捕捞技术基础知识。

(4)水产品加工技术基础知识。

(5)渔业环境及其保护基础知识。

(6)水产增养殖工程基础知识。

2.2.3.2　相关法律、法规知识

(1)《中华人民共和国农业技术推广法》和《中华人民共和国科学技术普及法》的相关知识。

(2)《中华人民共和国渔业法》的相关知识。

(3)《中华人民共和国环境保护法》、《中华人民共和国海洋环境保护法》及《中华人民共和国水污染防治法》的相关知识。

(4)《中华人民共和国动物防疫法》的相关知识。

(5)《兽药管理条例》及《饲料和饲料添加剂管理条例》的相关知识。

(6)《水产苗种管理办法》和《水产养殖质量安全管理规定》的相关知识。

(7)《无公害食品标准(渔业系列)》的相关知识。

2.2.4 农业机械基础知识

2.2.4.1 专业基础知识

(1)常用金属和非金属材料基础知识。

(2)常用油料基础知识。

(3)常用农业机械的类型、基本结构、工作原理基础知识。

(4)农机化新推广技术的相关知识。

(5)主要农作物栽培基础知识。

(6)农业机械安全生产常识。

2.2.4.2 相关法律、法规知识

(1)《中华人民共和国农业法》的相关知识。

(2)《中华人民共和国农业技术推广法》的相关知识。

(3)《中华人民共和国农业机械化促进法》的相关知识。

(4)农机化技术推广、安全生产与管理方面的相关法规知识。

2.3 其他知识

(1)农业技术推广知识。

(2)农业经济知识。

(3)信息处理知识。

(4)计算机操作使用知识。

3 工作要求

本标准对三级农业技术指导员、二级农业技术指导员和一级农业技术指导员的技术要求依次递进,高级别涵盖低级别的要求。

　　由于本职业农业技术包含种植、畜牧、水产和农机等几个方面的内容,因此本标准"工作要求"部分暂按照上述几个模块进行编写。在职业技能培训和考核鉴定时,可根据申报人员的专业和工作内容,从中选择一个模块进行。

3.1　种植业技术指导员

3.1.1　三级

职业功能	工作内容	技能要求	相关知识
一、信息采集处理	(一)信息采集	1. 能够运用观察、访问等方式直接获取信息 2. 能够通过查阅资料获取信息 3. 能够通过会议、媒体采集信息 4. 能够通过田间调查获取信息	1. 获取原始信息的观察、访问方法 2. 统计报表调查数据采集方法 3. 农作物田间调查方法
	(二)信息处理	1. 能够通过语言、文字、图表等手段记录和传递信息 2. 能够进行信息的归档和查询	1. 信息记录和整理方法 2. 计算机文字图表处理知识 3. 信息资料的立卷、归档和管理知识
二、技术示范推广指导	(一)技术示范	1. 能够根据技术试验示范的方案或规程进行试验示范 2. 能够采集试验示范数据	1. 农业技术试验示范的方法 2. 农作物常用栽培技术操作规程 3. 田间试验数据的采集方法

(续)

职业功能	工作内容	技能要求	相关知识
二、技术示范推广指导	(二)项目推广	1. 能够推介推广项目承担单位、实施地点 2. 能够根据项目实施方案和技术路线完成项目的实施 3. 能够推介推广项目的技术要领	1. 与项目相关的社会状况和资源环境条件基本常识 2. 确定推广项目承担单位和实施地点的原则 3. 项目推广的原理与方法
	(三)技术指导	1. 能够指导主要农作物的生产技术 2. 能够指导主要农产品的储藏、保鲜和初加工技术 3. 能够指导生产者选用常用的农业生产资料	1. 良种繁育技术 2. 无公害农产品、绿色食品和有机农产品的概念及其配套栽培技术 3. 农业标准化生产的技术 4. 测土配方施肥技术 5. 主要农作物病虫草害防治技术 6. 设施栽培技术 7. 名优农产品加工技术 8. 节水灌溉技术 9. 主要农作物的高效种植模式
三、技术咨询培训	(一)技术咨询	1. 能够解答当地主要农产品生产、收获、储藏、保鲜和初加工技术问题，并提供解决方案 2. 能够解答与农业生产相关的法律、法规和政策问题	1. 技术咨询的概念与方法 2. 规范农业生产的主要法律、法规和部门规章 3. 国家涉农重大政策和措施
	(二)技术培训	1. 能够宣讲农业生产技术 2. 能够开展生产技术培训	1. 技术培训的常用方法 2. 技术培训的组织与准备

3.1.2 二级

职业功能	工作内容	技能要求	相关知识
一、信息采集处理	(一)信息采集	1. 能够运用社会调查、问卷、查阅统计资料等方式获取信息 2. 能够通过计算机网络等渠道获取信息 3. 能够通过试验获取信息 4. 能够进行苗情、墒情和病虫情等"三情"的田间监测	1. 社会调研、问卷调查和统计资料查阅的方式方法 2. 计算机网络信息收集方法 3. 田间试验方法 4. 苗情、墒情和病虫情监测方法 5. 常用监测仪器设备的使用知识
	(二)信息处理	1. 能够进行信息的甄别、筛选和分类 2. 能够进行统计资料的汇总整理和分析 3. 能够运用计算机技术对信息进行分析和加工	1. 信息的分类与筛选方法 2. 数理统计方法
二、技术示范推广指导	(一)技术示范	1. 能够组织实施农业生产技术的试验示范 2. 能够对技术示范数据进行汇总和分析	1. 新技术成果的基本原理及引进方法 2. 田间试验的数理统计知识
	(二)项目推广	1. 能够组织实施上级下达的技术推广项目 2. 能够按照上级下达项目的要求,分解和制定当地的实施方案	1. 项目可行性分析论证方法 2. 项目实施方案和技术路线的编制

职业功能	工作内容	技能要求	相关知识
二、技术示范推广指导	(三)技术指导	1. 能够指导农作物主导品种和主推技术的推广工作 2. 能够开展农产品无公害食品、绿色食品和有机食品的生产技术指导 3. 能够指导农作物的标准化生产 4. 能够指导高效经济作物的初加工技术 5. 能够指导良种繁育 6. 能够指导农业抗灾生产技术 7. 能够指导三级农业技术指导员工作	1. 主要农作物栽培技术 2. 农业技术推广的原理与主要方法 3. 农业抗灾生产技术
三、技术咨询培训	(一)技术咨询	1. 能够解答农业生产相关质量标准和技术规范问题 2. 能够解答农业生产方面的高新技术问题	1. 不同农业生产资料的质量标准 2. 不同农产品的质量标准 3. 与农业生产相关的法律、法规、条例及相关政策中技术性条文的含义 4. 农业生产技术标准和操作规范
	(二)技术培训	1. 能够制定技术培训方案 2. 能够使用电教设备工具进行技术培训	1. 教案编写的基础知识 2. 电教辅助教学方法

3.1.3 一级

职业功能	工作内容	技能要求	相关知识
一、信息采集处理	(一)信息采集	1. 能够根据生产需要确定所需要收集的信息,并规划设计信息收集方案 2. 能够制定信息采集的实施方案并组织实施 3. 能够完成对农业生产及其技术项目进行专项调查 4. 能够制定和组织实施农作物"三情"监测方案	1. 信息采集规划设计相关知识 2. 信息采集方案的策划和组织实施相关知识
	(二)信息处理	1. 能够通过整理分析信息采集样本,发现生产和技术应用中的重大信息 2. 能够运用计算机技术对大宗信息进行分析加工和传递 3. 能够根据"三情"监测结果预测农作物生长趋势和结果	1. 农作物"三情"对产量和品质的影响 2. 计算机信息处理技术
二、技术示范推广指导	(一)技术示范	1. 能够对区域内农业生产新技术成果的引进、试验、示范活动进行科学规划,并编制实施方案 2. 能够总结最新技术和经验,并进行完善、改进和提高	规划方案编写方法

（续）

职业功能	工作内容	技能要求	相关知识
二、技术示范推广指导	(二)项目推广	1. 能够确定适合本地区的推广项目 2. 能够制定项目推广方案 3. 能够解决项目实施过程中的问题 4. 能够对项目进行总结	1. 区域性推广项目规划及项目指南的编制方法 2. 项目评价体系和方法
	(三)技术指导	1. 能够制定技术指导方案，筛选适合本地主导品种和主推技术 2. 能够制定并组织实施农业生产应急技术预案 3. 能够现场诊断造成农业生产损失的原因，并确定应对措施 4. 能够指导二、三级农业技术指导员工作	1. 农业气象与农业生产的关系 2. 农业生产投入品对生产的影响 3. 农业经营管理知识
三、技术咨询培训	(一)技术咨询	1. 能够为政府部门和农业生产经营组织提供生产规划和决策咨询服务 2. 能够提出利用农业生产资源的建议	循环经济在农业生产中的应用知识
	(二)技术培训	1. 能够编写技术推广培训资料 2. 能够对二、三级农业技术指导员进行培训	技术资料的编写知识

3.2　畜牧业技术指导员

3.2.1　三级

职业功能	工作内容	技能要求	相关知识
一、信息采集处理	（一）信息采集	1. 能够运用观察、访问等方式直接获取信息 2. 能够通过资料检索获取信息 3. 能够通过会议、媒体采集信息	1. 获取原始信息的观察、访问方法 2. 统计报表调查数据采集方法
	（二）信息处理	1. 能够通过语言、文字、图表等手段记录和传递信息 2. 能够进行信息的归档和查询	1. 信息的记录、整理方法和计算机文字处理知识 2. 信息资料的归档立卷和管理知识
二、技术示范推广指导	（一）技术示范	1. 能够完成畜牧技术试验示范操作 2. 能够记录试验结果，并进行初步分析	试验示范实施原则与方法
	（二）项目推广	1. 能够向养殖者推荐适合本地区的品种 2. 能够向养殖者推荐适合本地区的畜牧技术 3. 能够实施畜牧技术推广项目 4 能够进行畜牧推广项目数据统计和整理	1. 畜牧品种基础知识 2. 畜牧技术成果应用示范基本方法 3. 畜牧推广项目实施方法 4. 统计原理基础知识

(续)

职业功能	工作内容	技能要求	相关知识
二、技术示范推广指导	(三)技术指导	1. 能够对养殖者进行常规畜牧技术的指导 2. 能够向养殖者提供畜禽生产标准并按标准进行指导 3. 能够指导养殖者进行畜禽疫病防治	1. 畜牧标准化生产基础知识 2. 畜禽疫病防治常识
三、技术咨询培训	(一)技术咨询	1. 能够根据养殖者需求解答畜牧技术等问题 2. 能够向养殖者提供畜牧生产相关技术的咨询 3. 能够完成畜牧业相关的法律、法规及相关政策的咨询	咨询方法和技巧
	(二)技术培训	1. 能够编写一般性畜牧技术培训资料 2. 能够开展常规畜牧技术培训	1. 技术培训方法 2. 畜牧技术培训的组织与准备 3. 畜牧生产常用实操技术

3.2.2 二级

职业功能	工作内容	技能要求	相关知识
一、信息采集处理	(一)信息采集	1. 能够运用社会调研、问卷、统计资料等方式获取信息 2. 能够通过计算机网络等渠道获取信息 3. 能够通过试验获取信息	1. 信息的调研、问卷调查和统计报告采集方法 2. 运用计算机网络采集畜牧信息的方法

（续）

职业功能	工作内容	技能要求	相关知识
一、信息采集处理	（二）信息处理	1. 能够完成信息的筛选和分类 2. 能够进行畜牧统计资料的汇总和整理 3. 能够运用计算机技术对信息进行分析和加工	1. 畜牧信息的科学分类和筛选方法 2. 畜牧统计资料的汇总方法
二、技术示范推广指导	（一）技术示范	1. 能够设计畜牧项目试验和示范方案 2. 能够选择适合当地的畜牧技术示范项目	畜牧试验方案设计方法
	（二）项目推广	1. 能够进行畜牧实用增产技术的推广 2. 能够组织相关人员进行畜牧项目实施 3. 能够解决畜牧技术推广项目实施中出现的技术问题	1. 畜牧技术基础知识 2. 畜牧项目实施基本方法
	（三）技术指导	1. 能够指导养殖者进行畜牧生产管理 2. 能够按照相关标准指导养殖者进行标准化生产 3. 能够指导三级农业技术指导员工作	1. 畜牧生产管理基础知识 2. 畜产品安全生产标准常识
三、技术咨询培训	（一）技术咨询	1. 能够为养殖者提供与畜牧生产相关的各类技术咨询 2. 能够解答养殖者提出的技术疑问并提供解决方案	畜牧生产技术基础知识

（续）

职业功能	工作内容	技能要求	相关知识
三、技术咨询培训	（二）技术培训	1. 能够制定畜牧技术培训方案 2. 能够应用多媒体等培训工具进行技术培训 3. 能够对培训进行总结	1. 畜牧推广写作、演讲基本方法和技巧 2. 电视、广播和网络授课艺术 3. 传媒与沟通知识

3.2.3　一级

职业功能	工作内容	技能要求	相关知识
一、信息采集处理	（一）信息采集	1. 能够进行畜牧信息收集的规划设计 2. 能够策划信息采集方案和组织实施 3. 能够完成对畜牧技术推广项目的专项调查	1. 信息采集规划设计相关知识 2. 信息采集方案的策划和组织实施相关知识
	（二）信息处理	1. 能够从信息采集样本中鉴别出具有价值的信息 2. 能够运用计算机技术对大宗信息进行分析加工和传递	1. 畜牧信息的鉴别方法 2. 畜牧信息的计算机分析相关知识
二、技术示范推广指导	（一）技术示范	1. 能够组织高新技术项目生产性试验示范并进行分析 2. 能够对畜牧试验示范项目进行总结和评价	1. 畜牧技术评价方法 2. 实验室试验基本方法

（续）

职业功能	工作内容	技能要求	相关知识
二、技术示范推广指导	(二)项目推广	1. 能够选择适合本地区的畜牧推广项目 2. 能够制定项目实施方案 3. 能够对项目进行总结	1. 项目的选择基本方法及原则 2. 推广项目规划及项目指南的编制方法 3. 项目技术、经济效果评价指标体系和评价方法
	(三)技术指导	1. 能够根据市场需求和当地实际指导养殖者进行畜牧业生产 2. 能够指导养殖者制定畜牧业生产计划 3. 能够指导二、三级农业技术指导员工作	1. 畜牧经济基础知识 2. 畜牧生产计划制定基础知识
三、技术咨询培训	(一)技术咨询	1. 能够为相关畜牧企业、政府部门提供畜牧技术咨询服务 2. 能够参与相关畜牧行业规划的制定	1. 畜牧业先进技术及相关知识 2. 畜牧生产规划制定方法
	(二)技术培训	1. 能够编写畜牧技术培训资料 2. 能够对二、三级农业技术指导员进行培训	培训资料编写方法

3.3　水产技术指导员

3.3.1　三级

职业功能	工作内容	技能要求	相关知识
一、信息采集处理	(一)信息采集	1. 能够运用观察、访问等方式直接获取信息 2. 能够通过查阅资料获取信息 3. 能够通过会议、媒体采集信息	1. 获取原始信息的方法 2. 统计资料数据采集方法
	(二)信息处理	1. 能够通过语言、文字、图表等手段记录和传递信息 2. 能够进行信息的归档和查询	1. 信息的记录、整理和归档方法 2. 计算机文字处理
二、技术示范推广指导	(一)技术示范	1. 能够按照技术示范要求准备现场 2. 能够根据技术示范的方案或规程,进行示范操作	1. 技术示范的原理和方法 2. 常用渔用仪器设备的使用知识
	(二)项目推广	1. 能够确定推广项目承担单位和实施地点 2. 能够根据项目实施方案和技术路线完成项目的实施	1. 社会状况和资源环境条件调查常识 2. 推广项目组织实施的原则和方式
	(三)技术指导	1. 能够指导常规品种的水产养殖技术 2. 能够指导其他渔业生产技术	1. 水产养殖技术 2. 渔业资源与捕捞技术 3. 水产品保鲜加工专业技术

（续）

职业功能	工作内容	技能要求	相关知识
三、技术咨询培训	（一）技术咨询	1. 能够解答水产养殖生产技术问题，并提供解决方案 2. 能够解答相关水产生产的法律、法规和政策	技术咨询的概念与方法
	（二）技术培训	1. 能够编写一般性水产技术培训资料 2. 能够开展常规水产技术培训	1. 技术培训的原理与方法 2. 渔业生产常用技能的实操技术

3.3.2 二级

职业功能	工作内容	技能要求	相关知识
一、信息采集处理	（一）信息采集	1. 能够运用社会调研、问卷、统计资料等方式获取信息 2. 能够通过计算机网络等渠道获取信息 3. 能够通过试验获取信息	1. 信息的调研、问卷调查和统计报告采集方法 2. 运用计算机网络采集信息的方法
	（二）信息处理	1. 能够进行信息的筛选和分类 2. 能够进行统计资料的汇总整理 3. 能够运用计算机技术对信息进行分析和加工	1. 信息的科学分类和筛选方法 2. 统计资料的汇总方法

（续）

职业功能	工作内容	技能要求	相关知识
二、技术示范推广指导	(一)技术示范	1. 能够组织实施技术示范 2. 能够对技术示范数据进行汇总和分析	1. 技术示范方案和操作规程制定 2. 试验数据、资料的汇总和分析
	(二)项目推广	1. 能够确定项目的技术和经济指标 2. 能够组织实施水产技术推广项目	1. 推广项目可行性分析论证方法 2. 水产推广开发项目实施方案和技术路线的编制
	(三)技术指导	1. 能够指导水产养殖病害防治技术 2. 能够指导水产苗种繁育技术 3. 能够指导渔用药物和饲料的使用 4. 能够指导生产者进行标准化生产	1. 水产苗种繁育技术 2. 水产养殖病害防治技术 3. 渔用药物和饲料的使用知识 4. 渔业生产标准
三、技术咨询培训	(一)技术咨询	1. 能够解答水产生产相关标准和技术规范问题 2. 能够解答水产高新技术问题	1. 与渔业生产相关的法律、法规、条例及相关政策 2. 与渔业生产相关标准和技术规范 3. 与渔业生产相关的高新技术
	(二)技术培训	1. 能够制定水产技术培训方案 2. 能够使用计算机多媒体进行技术培训 3. 能够进行水产养殖病害现场诊断操作技能培训	1. 电视、广播和网络授课艺术 2. 计算机辅助教学方面的知识 3. 水产病害现场和实验室诊断实操技术

3.3.3 一级

职业功能	工作内容	技能要求	相关知识
一、信息采集处理	(一)信息采集	1. 能够进行信息收集方案的规划设计 2. 能够策划信息采集方案和组织实施 3. 能够进行对技术推广项目的专项调查	1. 信息采集规划设计相关知识 2. 信息采集方案的策划和组织实施相关知识
	(二)信息处理	1. 能够从信息采集样本中鉴别出具有价值的信息 2. 能够运用计算机技术对大宗信息进行分析加工和传递	1. 信息的鉴别方法 2. 信息的计算机分析相关知识
二、技术示范推广指导	(一)技术示范	1. 能够对区域内水产新技术成果的引进、试验、示范活动进行科学规划,并编制规划方案 2. 能够总结水产新技术、新经验,并进行完善和提高	1. 经验的系统、科学归纳与提高方法 2. 水产新技术成果的改进和提高方法
	(二)项目推广	1. 能够编写项目的可行性研究报告 2. 能够制定项目推广方案 3. 能够设计项目评价指标	1. 推广项目规划及项目指南的编制方法 2. 项目技术、经济效果指标体系的评价方法
	(三)技术指导	1. 能够制定技术指导方案 2. 能够编制水产养殖规划、工程设计建设相关技术文件	1. 渔业资源与渔业环境保护相关知识 2. 水产养殖工程规划与设计相关知识

（续）

职业功能	工作内容	技能要求	相关知识
三、技术咨询培训	(一)技术咨询	1. 能够为渔业生产组织、政府部门提供规划和决策咨询服务 2. 能够向社会提供资源评估、风险控制等方面的咨询服务	1. 社会与经济知识 2. 渔业综合经营管理知识
	(二)技术培训	1. 能够编写水产技术培训教材 2. 能够对二、三级农业技术指导员进行技术培训 3. 能够对技术培训效果进行评估	1. 水产技术培训教案的编写方法 2. 水产相关法律、法规培训教案的编写方法

3.4　农机技术指导员

3.4.1　三级

职业功能	工作内容	技能要求	相关知识
一、信息采集处理	(一)信息采集	1. 能够运用资料查阅、网络检索、交换等方法获取信息 2. 能够运用观察、访问等方法获取原始信息	1. 信息的基本概念与特征 2. 信息采集的方法与途径 3. 信息采集原则
	(二)信息处理	1. 能够进行信息分类、整理和存储 2. 能够运用简报、广播等简单方式传递信息	1. 信息分类方法 2. 信息整理、存储方法与要求 3. 信息传递知识

（续）

职业功能	工作内容	技能要求	相关知识
二、技术示范推广指导	（一）技术示范	1. 能够进行农机作业示范 2. 能够采集试验示范数据	1. 农机作业示范的内容与要求 2. 项目示范的基本原则 3. 试验示范数据采集方法
	（二）项目推广	1. 能够向示范户推介农机化新技术 2. 能够签订项目推广合同	1. 农机化新技术推介方法 2. 技术推广项目合同有关知识 3. 农机化项目推广原理与实施方法
	（三）技术指导	1. 能够进行农机作业技术指导 2. 能够进行项目实施技术指导 3. 能够进行农机维护保养技术指导	1. 农机作业知识 2. 农机化项目实施技术要求 3. 普通农业机械的维护保养知识
三、技术咨询培训	（一）技术咨询	1. 能够为农民提供农机运用技术咨询 2. 能够为农民购置普通农业机械或配件，并提供技术咨询	1. 农机运用技术咨询服务的有关知识 2. 普通农业机械及配件选购的基本原则与方法
	（二）技术培训	1. 能够按项目技术培训资料实施培训 2. 能够进行普通农业机械操作技术培训	1. 农民技术培训的特点、方法和要求 2. 普通农业机械操作技术培训教案的编写方法

3.4.2 二级

职业功能	工作内容	技能要求	相关知识
一、信息采集处理	(一)信息采集	1. 能够通过典型调查、问卷调查等方法获取农机化信息 2. 能够通过实(试)验、测定、数据分析等方法获取农机化原始信息	1. 统计调查有关知识 2. 农机化实(试)验、测定知识 3. 数据分析方法
	(二)信息处理	1. 能够进行信息的筛选、鉴别和提要编写 2. 能够对农机化技术信息进行综合分析,并编写信息报告	1. 信息筛选和鉴别方法 2. 信息提要编写方法 3. 信息分析和信息报告编写方法与要求
二、技术示范推广指导	(一)技术示范	1. 能够编制农机作业示范大纲 2. 能够编制项目示范实施方案	1. 农机作业示范大纲的编制方法与要求 2. 农机化技术推广项目示范方案编制方法与要求
	(二)项目推广	1. 能够通过专题技术讲座等方法进行项目推广 2. 能够编制项目实施方案	1. 技术推广讲座的特点与要求 2. 项目实施方案编制方法与要求
	(三)技术指导	1. 能够指导农机手制定优化作业技术方案 2. 能够指导农机手进行普通农业机械的故障诊断与排除 3. 能够对三级农业技术指导员进行推广、培训等专项技能技术指导	1. 农机田间作业优化设计知识 2. 普通农业机械的常见故障诊断与排除方法 3. 三级农业技术指导员专项技能技术指导内容与方法

（续）

职业功能	工作内容	技能要求	相关知识
三、技术咨询培训	（一）技术咨询	1. 能够提供农业机械合理配备技术咨询 2. 能够解答农机作业技术标准和技术规范问题	1. 农业机械优化配备方面的知识 2. 农机作业技术标准和技术规范知识
	（二）技术培训	1. 能够编写项目实施技术培训资料 2. 能够使用电教设备进行技术培训	1. 项目实施技术培训资料的编写方法与要求 2. 电教设备辅助教学方法

3.4.3 一级

职业功能	工作内容	技能要求	相关知识
一、信息采集处理	（一）信息采集	1. 能够进行农机化技术推广项目的专项调查 2. 能够制定信息采集计划并组织实施	1. 农机化专项调查的方法与要求 2. 专项调查报告的写作方法与要求 3. 信息采集计划制定的原则与信息采集组织管理方法
	（二）信息处理	1. 能够运用分析、归纳、推理等方法在原信息基础上开发出新的有用信息 2. 能够运用回归分析等方法获取预测性技术信息	1. 信息产品的开发知识 2. 农机化新技术发展及运用前景预测方法

(续)

职业功能	工作内容	技能要求	相关知识
二、技术示范推广指导	(一)技术示范	1. 能够提出本地农机化技术引进示范计划 2. 能够确定项目示范的技术经济指标 3. 能够对示范结果进行评价	1. 技术引进、示范计划编制原则 2. 项目示范技术经济指标体系确立的基本原则 3. 示范结果评价方法
	(二)项目推广	1. 能够编制适合本地的项目推广计划 2. 能够制定项目实施技术标准与操作规程	1. 项目计划编制方法与要求 2. 项目实施技术标准与操作规程的编制方法与要求
	(三)技术指导	1. 能够指导种粮大户或农业生产组织制定机械化生产实施方案 2. 能够指导二级农业技术指导员进行农机化技术开发	1. 农业生产机械化实施方案制定原则与方法 2. 农机化技术开发有关知识
三、技术咨询培训	(一)技术咨询	1. 能够提供本地主要农作物全程机械化生产技术咨询 2. 能够为农机作业组织提供经营管理方面的咨询	1. 水稻、小麦等主要农作物全程机械化生产知识 2. 农机作业组织经营模式与组织管理方面的知识
	(二)技术培训	1. 能够编写农机操作使用培训教材 2. 能够对二、三级农业技术指导员进行技术培训 3. 能够对培训效果进行评估	1. 农机操作使用培训教材的编写方法与要求 2. 二、三级农业技术指导员培训内容与方法 3. 技术培训效果评估方法

4　比　重　表

4.1　理论知识

项　　目		三级 (%)	二级 (%)	一级 (%)
基本 要求	职业道德	5	5	5
	基础知识	45	30	25
相关 知识	信息采集处理	8	10	12
	示范推广指导	30	40	38
	技术咨询培训	12	15	20
合　　计		100	100	100

4.2　技能操作

项　　目		三级 (%)	二级 (%)	一级 (%)
技能 要求	信息采集处理	20	15	10
	示范推广指导	60	60	60
	技术咨询培训	20	25	30
合　　计		100	100	100

农产品经纪人
国家职业标准

1　职业概况

1.1　职业名称

农产品经纪人。

1.2　职业定义

从事农产品收购、储运、销售，以及销售代理、信息传递、服务等中介活动而获取佣金或利润的人员。

1.3　职业等级

本职业共设三个等级，分别为：初级（国家职业资格五级）、中级（国家职业资格四级）、高级（国家职业资格三级）。

1.4　职业环境

室内、外常温。

1.5　职业能力特征

具有一定的判断、推理、计算、语言表达能力，色、嗅、味、触感官灵敏，空间感、形体感强。

1.6　基本文化程度要求

初中毕业。

1.7　培训要求

1.7.1　培训期限

全日制职业学校教育,根据其培养目标和教学计划确定。晋级培训期限:初级不少于 200 标准学时;中级不少于 150 标准学时;高级不少于 100 标准学时。

1.7.2　培训教师

培训初、中级人员的教师必须具备相关专业助理讲师以上的专业技术职称或本职业高级职业资格证书;培训高级人员的教师,必须具备相关专业讲师以上的专业技术职称。

1.7.3　培训场地与设备

能满足教学需要的标准教室和技能模拟训练场地,备有代表性的农产品标准样品,品种齐全;收购、评审质量、分等定级、计量计价的仪器设备;具有模拟交易结算室及计算机等相关设施。

1.8　鉴定要求

1.8.1　适用对象

从事或准备从事本职业的人员。

1.8.2　申报条件

——初级(具备以下条件之一者):

(1)经本职业初级正规培训达规定标准学时数,并取得毕(结)业证书。

(2)在本职业连续见习工作 2 年以上。

——中级(具备以下条件之一者):

(1)取得本职业初级职业资格证书后,连续从事本职业工作2年以上,经本职业中级正规培训达规定标准学时数,并取得毕(结)业证书。

(2)取得本职业初级职业资格证书后,连续从事本职业工作4年以上。

(3)取得经劳动保障行政部门审核认定的,以中级技能为培养目标的职业学校本职业(相关专业)毕业证书,且从事本职业工作1年以上。

——高级(具备以下条件之一者):

(1)取得本职业中级职业资格证书后,连续从事本职业工作3年以上,经本职业高级正规培训达规定标准学时数,并取得毕(结)业证书。

(2)取得本职业中级职业资格证书后,连续从事本职业工作6年以上。

(3)取得本职业中级职业资格证书的大专以上毕业生,并连续从事本职业工作2年以上。

(4)取得高级技工学校或经劳动保障行政部门审核认定的,以高级技能为培养目标的职业学校本职业(相关专业)毕业证书,且从事本职业工作1年以上。

1.8.3　鉴定方式

分为理论知识考试和技能操作考核两部分。理论知识考试采用笔试方式,满分为100分,60分及以上者为合格。理论知识考试合格者方能参加技能操作考核。技能操作考核采用现场实际操作方式进行,技能操作考核分项打分,满分为100分,60分及以上者为合格。

1.8.4　考评人员与考生配比

理论知识考试考评员与考生的比例为 1∶20,每个标准教室不少于 2 名考评人员;技能操作考核考评员与考生的比例为2∶1,即 2 名考评员负责 1 名考生,考生逐一操作,考评员逐一评分。

1.8.5　鉴定时间

理论知识考试时间为 120 分钟;技能操作考核时间,初级为 120 分钟,中级、高级各为 150 分钟。

1.8.6　鉴定场所及设备

理论知识考试在标准教室进行;技能操作考核应在符合本职业要求的实验室和模拟场所进行,实验室、模拟场所应具备有关的仪器设备、工具材料、计算机等。

2　基本要求

2.1　职业道德

2.1.1　职业道德基本知识

2.1.2　职业守则

(1)爱岗敬业,诚实守信。

(2)遵纪守法,办事公道。

(3)精通业务,讲求效益。

(4)服务群众,奉献社会。

(5)规范操作,保障安全。

2.2　基础知识

2.2.1　农产品商品基础知识

(1)农产品的概念及分类。

(2)农产品的商品性状。

(3)农产品的规格与质量标准。

(4)农产品的鉴别及等级评定方法。

2.2.2　财务会计知识

(1)会计基础知识。

(2)会计报表分析的基础知识。

2.2.3　经营管理知识

(1)农产品的经营特点及业务管理。

(2)农产品的包装、保管、运输。

(3)农产品的购销业务成本核算。

(4)WTO 相关知识。

2.2.4　经济地理知识

(1)我国主要农产品的地理分布。

(2)各种运输线路、运输工具的选择。

(3)我国公路、铁路主干线的地理分布。

2.2.5　相关法律知识

(1)《中华人民共和国合同法》的相关知识。

(2)《中华人民共和国消费者权益保护法》的相关知识。

(3)《中华人民共和国产品质量法》的相关知识。

(4)《中华人民共和国计量法》的相关知识。

(5)《中华人民共和国税收征收管理法》的相关知识。

(6)《中华人民共和国道路运输管理条例》的相关知识。

(7)《中华人民共和国野生动物保护法》的相关知识。

(8)《中华人民共和国野生植物保护条例》的相关知识。

(9)《中华人民共和国保险法》的相关知识。

(10)国家绿色食品标准的相关知识。

(11)《中华人民共和国食品卫生法》的相关知识。

(12)《中华人民共和国动植物检疫法》的相关知识。

2.2.6 安全卫生知识

(1)安全食品生产知识。

(2)运输工具及机械设备的安全使用。

(3)安全用电知识。

(4)防火、防盗、报警、补救知识。

(5)环境保护知识。

2.2.7 信息技术应用知识

(1)微型计算机的基础知识。

(2)微型计算机系统的基本组成。

(3)微型计算机系统的操作应用。

(4)计算机网络及互联网(Internet)的初步知识。

(5)计算机病毒的防治常识。

3 工作要求

本标准对初级、中级、高级的技能要求依次递进,高级别涵盖低级别的要求。

3.1 初级

职业功能	工作内容	技能要求	相关知识
一、市场信息采集与分析	(一)市场信息采集	能采集所经营的农产品市场信息	所经营农产品的产量、品质及供求状况
	(二)市场分析	能对采集的市场信息进行初步分析	

（续）

职业功能	工作内容	技能要求	相关知识
二、建立客户与谈判订约	(一)建立客户	1. 能根据市场供需情况找到客户 2. 能回答客户提出的所经营农产品的价格、质量、等级、规格等问题	1. 与客户沟通的基本技巧 2. 所经营农产品的相关知识
	(二)谈判订约	能以口头方式表达合作意向	客户的心理常识
三、产品鉴别及等级评定（按所经营的产品的类别，选择表中所列六项中一项的一个品种）	(一)粮食品级鉴别	1. 能合理取样 2. 能应用感官、简易工具对抽取的样品进行品种鉴别及定级,误差率不超过规定标准的40%	所经营粮食作物的鉴别方法及规格质量标准
	(二)果蔬及花卉品级鉴别	1. 能对所经营的果蔬及花卉分类 2. 能合理取样 3. 能应用感官、简易工具对抽取的果蔬及花卉样品进行品种鉴别及定级,误差率不超过规定标准的40%	1. 所经营果蔬及花卉的品种、质量、等级的一般知识 2. 所经营果蔬及花卉的鉴别方法及规格质量标准 3. 无公害产品知识
	(三)林产品品级鉴别	1. 能够合理取样 2. 能应用感官、简易工具对抽取的样品进行品种鉴别及定级,误差率不超过规定标准的40%	所经营林产品的品种、性状、特点、鉴别方法及规格质量标准

（续）

职业功能	工作内容	技能要求	相关知识
三、产品鉴别及等级评定（按所经营的产品的类别，选择表中所列六项中一项的一个品种）	（四）畜禽产品品级鉴别	1. 能识别病、健畜禽 2. 能鉴别畜禽品种、肉的质量及等级 3. 能应用感官、简易工具对抽取的畜禽副产品进行品种鉴别及定级	1. 畜禽的产地、品种、特性 2. 畜禽肉的质量等级标准 3. 主要畜禽副产品的性状、特点、鉴别方法及规格质量标准
	（五）水产品品级鉴别	1. 能识别所经营水产品的种类 2. 能感官判断所经营水产品的鲜活程度 3. 能对抽取的样品进行品种鉴别及定级，误差率不超过规定标准的30%	1. 所经营水产品的品种、质量、等级的有关知识 2. 所经营水产品保鲜的一般知识 3. 所经营水产品的鉴别方法及规格质量标准 4. 所经营水产品的产地分布情况
	（六）其他农副产品品级鉴别	1. 能够合理取样 2. 能应用感官、简易工具对抽取的样品进行品种鉴别及定级，误差率不超过规定标准的40%	所经营其他农副产品的品种、性状、特点、鉴别方法及规格质量标准
四、农产品储运	（一）储存	能对所经营农产品进行储存、保管和养护	所经营农产品的仓储知识
	（二）运输	能安全地将所经营农产品运送到目的地	所经营农产品运输的安全知识
五、核算与结算	（一）核算	能对所经营的农产品毛利进行粗略的估算	所经营农产品毛利的计算方法
	（二）结算	1. 能使用各种验钞工具，清点现金准确无误 2. 能填制购销结算凭单	1. 伪钞的识别知识 2. 常用识别知识购销业务凭单的基本内容及填制方法

3.2 中级

职业功能	工作内容	技能要求	相关知识
一、市场信息采集与分析	（一）市场信息采集	能通过广播、电视、报刊等渠道采集所经营农产品的市场信息	市场调查的基本知识
	（二）市场分析	能对采集的市场信息进行分析筛选和判断	市场分析的基本知识
二、建立客户与谈判订约	（一）建立客户	1. 能同客户有效沟通 2. 能根据市场供需情况找到一定数量的客户	公共关系的基本知识
	（二）谈判订约	能以协议形式表达双方的合作意向	商务谈判的基本知识
三、产品鉴别及等级评定（按所经营的产品的类别，选择表中所列六项中一项的一个品种）	（一）粮食品级鉴别	能鉴别样品的品种及定级，误差率不超过规定标准的30%	主要粮食作物的品种鉴别及规格质量标准
	（二）果蔬及花卉品级鉴别	1. 能识别果蔬及花卉的品种 2. 能鉴别果蔬及花卉的绿色环保等级 3. 能鉴别果蔬及花卉样品的质量、等级，误差率不超过规定标准的30%	1. 主要果蔬及花卉的品种、质量和等级的知识 2. 主要果蔬及花卉的鉴别方法和规格质量标准 3. 绿色产品等级知识
	（三）林产品品级鉴别	能鉴别样品的品种及等级，误差率不超过规定标准的30%	1. 主要林产品的品种、性状、特点、鉴别方法及规格质量标准 2. 国家对林木采伐的政策及有关规定

（续）

职业功能	工作内容	技能要求	相关知识
三、产品鉴别及等级评定（按所经营的产品的类别，选择表中所列六项中一项的一个品种）	（四）畜禽产品品级鉴别	1. 能估算畜禽的出肉率，误差率不超过规定标准的6％ 2. 能鉴别病、健畜禽胴体	1. 畜禽屠宰的常识 2. 畜禽胴体的卫生检疫知识
	（五）水产品品级鉴别	1. 能识别主要水产品的种类 2. 能判断主要水产品的鲜活程度 3. 能鉴别样品的品种并定级，误差率不超过规定标准的20％	1. 主要水产品的品种、质量和等级知识 2. 主要水产品的产地分布情况 3. 主要水产品保鲜知识 4. 主要水产品的鉴别方法及规格质量标准
	（六）其他农副产品品级鉴别	能鉴别样品的品种并定级，误差率不超过规定标准的30％	其他农副产品的品种、性状、特点、鉴别方法及规格质量标准
四、农产品储运	（一）储存	能根据农产品的特性进行分类储存、保管和养护	主要农产品仓储知识
	（二）运输	1. 能根据农产品的地理分布选择合理的运输路线 2. 能根据农产品的特性选择合理的运输工具	运输工具及路线优化选择方法
五、核算与结算	（一）核算	能对经营商品的成本、费用、税金进行一般核算	成本核算的一般知识
	（二）结算	能用信用卡进行结算	信用卡的使用知识

3.3 高级

职业功能	工作内容	技能要求	相关知识
一、市场信息采集与分析	(一)市场信息采集	能通过互联网采集所经营农产品的市场信息	互联网的应用常识
	(二)市场分析	能在广泛采集信息的基础上,对所经营农产品的供求情况做出分析判断	市场预测与决策相关知识
二、建立客户谈判订约	(一)建立客户	1. 能同客户密切沟通、广泛联系 2. 能稳定地维系一批客户	1. 商务谈判的技巧 2. 与所经营农产品相关的法律、法规知识
	(二)谈判订约	1. 能通过洽谈,促成交易的实现,避免风险 2. 能以书面形式签订有效合同	
三、产品鉴别及等级评定(按所经营的产品的类别,选择表中所列六项中一项的一个品种)	(一)粮食品级鉴别	能鉴别样品的品种并定级,误差率不超过规定标准的20%	1. 国内市场主要粮食作物的品种鉴别及规格质量标准 2. 国际市场主要粮食品种及质量标准
	(二)果蔬及花卉品级鉴别	1. 能识别国内主要果蔬及花卉的品种 2. 能应用仪器设备鉴别果蔬及花卉的绿色环保程度 3. 能鉴别国内主要果蔬及花卉样品的质量、等级,误差率不超过规定标准的20%	1. 国内市场主要果蔬及花卉的品种、质量和等级的知识 2. 国内市场主要果蔬及花卉的鉴别方法及规格质量标准 3. 我国果蔬及花卉品种及产地分布情况 4. 有机产品知识 5. 国际市场主要果蔬及花卉品种及质量标准

（续）

职业功能	工作内容	技能要求	相关知识
三、产品鉴别及等级评定（按所经营的产品的类别，选择表中所列六项中一项的一个品种）	(三)林产品品级鉴别	能鉴别样品的品种及等级,误差率不超过规定标准的20%	1. 国内市场主要林产品的品种、性状、特点、鉴别方法及规格质量标准 2. 国家森林保护有关法律、法规 3. 国际市场主要林产品品种及质量标准
	(四)畜禽产品品级鉴别	1. 能估算畜禽的出肉率,误差率不超过规定标准的4% 2. 能鉴别病、健畜禽副产品	1. 畜禽屠宰的基本流程 2. 畜禽副产品的卫生检疫知识 3. 国际市场主要畜禽产品品种及质量标准
	(五)水产品品级鉴别	1. 能识别我国主要水产品的种类 2. 能鉴别样品的品种并定级,误差率不超过规定标准的10%	1. 我国主要水产品的品种、质量和等级知识 2. 我国主要水产品的鉴别方法及规格质量标准 3. 我国主要水产品的产地分布情况 4. 国际市场主要水产品的质量标准
	(六)其他农副产品品级鉴别	能鉴别样品的品种并定级,误差率不超过规定标准的20%	1. 国内市场其他农副产品的品种、性状、特点、鉴别方法及规格质量标准 2. 国际市场其他农副产品的产地及质量标准

（续）

职业功能	工作内容	技能要求	相关知识
四、农产品储运	(一)储存	能合理使用仓储空间,提高仓储利用率	仓储管理的知识
	(二)运输	能科学选择运输路线和运输工具,做到装载商品结构合理、数量准确、节省运费	农产品装载的基本知识及运输费用的核算方法
五、核算与结算	(一)核算	能正确核算农产品成本、费用、税金	相关税收的法规知识
	(二)结算	能填制银行结算凭单	银行结算知识
六、培训与指导	培训与指导	1. 能对初级、中级农产品经纪人进行培训 2. 能够具体指导初级、中级农产品经纪人的日常经营业务活动	培训、指导的有关知识

4　比重表

4.1　理论知识

项　　目		初级,%	中级,%	高级,%
基本要求	职业道德	5	5	5
	基础知识	15	10	15
相关知识	1. 市场信息采集与分析	10	15	15
	2. 建立客户与谈判订约	30	25	20
	3. 产品鉴别及等级评定	25	20	15
	4. 农产品储运	5	10	10
	5. 核算与结算	10	15	15
	6. 培训与指导			5
合　　计		100	100	100

4.2　技能操作

项　　目		初级,%	中级,%	高级,%
技能要求	1. 市场信息采集与分析	15	20	25
	2. 建立客户与谈判订约	40	40	40
	3. 产品鉴别及等级评定	30	20	10
	4. 农产品储运	5	5	5
	5. 核算与结算	10	15	15
	6. 培训与指导			5
合　　计		100	100	100

花卉园艺师
国家职业标准

1 职业概况

1.1 职业名称

花卉园艺师。

1.2 职业定义

从事花圃、园林的土壤改良;花房、温室修造和管理;花卉(包括草坪)育种、育苗、栽培管理、收获储藏、采后处理等的人员。

从事的工作范围:

公园、苗圃、花卉场、育种中心和园艺公司。

1.3 职业等级

初级工、中级工、高级工和技师。

1.4 职业环境条件

工作地点:室内外,高温、低温、药剂等影响,施工养护中有粉尘、噪声和有害气体。

1.5 职业能力特征

要求从业人员身体健康,在智力、表达能力、计算能力、空间感、色觉、手指灵活性、手臂灵活性、运作协调性等方面综合能力较强。

1.6　基本文化程度

初中文化以上。

1.7　培训要求

1.7.1　培训期限

全日制职业学校教育,根据其培养目标和教学计划确定。晋级培训期限,各等级均不少于 200 标准学时。

1.7.2　培训教师

培训初级、中级、高级人员的教师应具有本职业技师职业资格证书或本专业中级及以上专业技术职务任职资格;培训技师的教师应具有本职业技师职业资格证书 3 年以上或本专业高级专业技术职务任职资格。

1.7.3　培训场地设备

理论知识培训场地应具有可容纳 30 名以上学员的标准教室,并配备投影仪、电视机及播放设备。实际操作培训场所应为具有必备的设备和工具的场所。

1.8　鉴定要求

1.8.1　适用对象

从事或准备从事本职业的人员。

1.8.2　申报条件

——初级(具备以下条件之一者):

(1)经本职业初级正规培训达规定标准学时数,并取得结业证书。

(2)在本职业连续见习工作 2 年以上。

(3)本职业学徒期满。

——中级(具备以下条件之一者):

(1)取得本职业初级职业资格证书后,连续从事本职业岗位工作 3 年以上,经本职业中级正规培训达规定标准学时数,并取得结业证书。

(2)取得本职业初级职业资格证书后,连续从事本职业工作 5 年以上。

(3)连续从事本职业工作 7 年以上。

(4)取得经劳动保障行政部门审核认定的、以中级技能为培养目标的中等以上职业学校本职业(专业)毕业证书。

——高级(具备以下条件之一者):

(1)取得本职业中级职业资格证书后,连续从事本职业岗位工作 4 年以上,经本职业高级正规培训达规定标准学时数,并取得结业证书。

(2)取得本职业中级职业资格证书后,连续从事本职业工作 7 年以上。

(3)取得高级技工学校或经劳动保障行政部门审核认定的、以高级技能为培养目标的高等以上职业学校本职业(专业)毕业证书。

——技师(具备以下条件之一者):

(1)取得本职业高级职业资格证书后,连续从事本职业岗位工作 2 年以上,经本职业技师正规培训达规定标准学时数,并取得结业证书。

(2)取得本职业高级职业资格证书后,连续从事本职业工作 5 年以上。

1.8.3 鉴定方式

分为理论知识考试和技能操作考核。理论知识考试采用闭卷笔试方式,技能操作考核采用现场实际操作方式。理论知识考试和技能操作考核均实行百分制,成绩皆达 60 分及以上者为合格。技师还须进行综合评审。

1.8.4　考评人员与考生配比

理论知识考试考评人员与考生的配比为 1∶20,每个标准教室不少于 2 名考评人员;技能操作考核考评员与考生配比为1∶5,且不少于 3 名考评员;综合评审委员不少于 5 人。

1.8.5　鉴定时间

各等级理论知识考试时间为 90～120 分钟,技能操作考核时间为 180 分钟,综合评审时间不少于 30 分钟。

1.8.6　鉴定场所及设备

理论知识考试在标准教室内进行;技能操作考核在具备必要的设备和工具的场所。

2　基本要求

本标准对初级、中级、高级、技师的技能要求依次递进,高级别涵盖低级别的要求。

2.1　职业道德基本知识

2.1.1　职业守则

(1)刻苦耐劳,工作认真负责。

(2)实事求是,讲求时效。

(3)忠于职守,谦虚谨慎。

(4)遵纪守法,保守秘密。

(5)爱岗敬业,无私奉献。

(6)团结协作,爱护设备。

(7)钻研业务,不断创新。

(8)服务热情,尊重知识产权。

2.2　基础知识

2.2.1　观赏植物的识别

(1)植物学基础知识。

(2)植物开花生理与调控。

(3)植物遗传基础。

(4)观赏植物的生理。

(5)生态系统。

2.2.2　观赏植物的环境及其调控

(1)植物的生长发育与环境。

(2)土壤与肥料。

(3)植物保护技术。

(4)观赏植物栽培管理设施和常用器具。

(5)政策与法规。

(6)土壤环境与调控。

(7)生物环境与调控。

(8)气象环境。

(9)栽培设施的管理。

2.2.3　观赏植物的栽培与管理

(1)观赏植物的繁殖技术。

(2)露地观赏植物的栽培管理。

(3)盆栽观赏植物的栽培管理、种苗生产和盆花生产。

（4）切花的栽培管理与切花生产。

（5）园林苗木的栽培管理。

（6）繁殖与育种。

（7）观赏植物的整形与修剪。

（8）切花与切叶植物生产。

（9）大树的移栽和古树名木的保护。

2.2.4　观赏植物的配置及应用

（1）观赏植物的配置。

（2）盆景概述。

（3）树桩盆景创作。

（4）山水盆景及水旱盆景。

（5）插花的基本理论。

（6）对称式插花的常见类型。

（7）不对称式插花的常见类型。

（8）艺术插花。

（9）插花的陈设与养护。

3　工作要求

花卉园艺工(初级)

职业功能	工作内容	技能要求	专业知识要求	比重（%）
观赏植物的识别	(一)植物学基础知识	了解植物学基础知识理论	植物学基础知识的有关概念	2.5
	(二)观赏植物的识别	认识常见花卉种类120种	了解它们的形态构造特征	15

(续)

职业功能	工作内容	技能要求	专业知识要求	比重(%)
观赏植物的环境及调控	(一)植物的生长发育与环境	植物的生长发育与环境因素	植物的生长发育;植物生育与生育时期;环境因子	6
	(二)土壤与肥料	常用土壤与肥料的功能作用	土壤与肥料的功能作用	7
	(三)植物保护技术	熟悉植物病害基础;掌握主要昆虫品种	植物病害基础;昆虫基础;农业气象基础;农药	10
	(四)观赏植物栽培管理设施和常用器具	认识塑料大棚;温室;其他栽培设施;常用器具	塑料大棚;温室;其他栽培设施;常用器具	7
	(五)政策与法规	了解有关花卉进口的条款;我国限制进口的花卉检疫对象;观赏植物进出口的程序;新品种保护条例的主要内容	有关花卉进口的条款;我国限制进口的花卉检疫对象;观赏植物进出口的程序;新品种保护条例的主要内容	4
观赏植物的栽培与管理	(一)观赏植物的繁殖技术	掌握播种、扦插、分生、压条、嫁接等繁殖、组织培养理论知识	播种、扦插、分生、压条、嫁接等繁殖、组织培养	6
	(二)露地观赏植物的栽培管理	了解土壤的准备;掌握主要露地植物观赏的栽培技术	土壤的准备;栽培管理;主要露地植物观赏的栽培技术	7

(续)

职业功能	工作内容	技能要求	专业知识要求	比重(%)
观赏植物的栽培与管理	(三)盆栽观赏植物的栽培管理	掌握培养土的配制;主要盆栽植物观赏的栽培技术	培养土的配制;栽培管理;主要盆栽观赏植物的栽培技术	8
	(四)切花的栽培管理	认识主要切花的栽培技术	土壤的准备;栽培管理;主要切花的栽培技术	2.5
	(五)园林苗木的栽培管理	掌握主要园林树木的栽培技术	土壤的准备;栽培管理;主要园林树木的栽培技术	8
观赏植物的配置及应用	(一)观赏植物的配置	掌握花坛与花镜;盆栽观赏植物的装饰;园林绿化植物的配置	花坛与花镜;盆栽观赏植物的装饰;园林绿化植物的配置	6
	(二)盆景	了解盆景概述;认识树桩盆景创作;山水盆景	盆景概述;树桩盆景创作;山水盆景	6
	(三)插花	了解插花概述;掌握常用花材、用具;花篮的制作	概述;花材、用具;花篮的制作、人体饰花	5

花卉园艺工(中级)

职业功能	工作内容	技能要求	专业知识要求	比重(%)
观赏植物的识别	植物学基础知识	识别常见植物细胞、植物组织和器官;植物的开花结实	植物细胞、植物组织和器官;植物的开花结实	6

(续)

职业功能	工作内容	技能要求	专业知识要求	比重(%)
观赏植物的识别	植物开花生理与调控	理解植物的春化作用;光周期现象;植物生长调节剂的作用;花期调控。懂得具体例子	植物的春化作用;光周期现象;植物生长调节剂的作用;花期调控	3
	植物遗传基础	理解遗传和变异;遗传的基本规律	遗传和变异;遗传的基本规律	3.5
	观赏植物分类与识别	识别常见观赏植物180种,并了解它们的科属	观赏植物的分类;观赏植物的识别	10
观赏植物的环境及调控	土壤环境与调控	熟悉土壤的性状;土壤养分;土壤类型与改良	土壤的性状;土壤养分;土壤类型与改良	5.5
	生物环境与调控	能根据花卉的生长发育阶段,进行合理施肥、病虫防治等,保证花卉生产质量	害虫及其防治;病害及其防治;杂草及其防治;农药与使用方法;主要观赏植物病虫害	3
	栽培设施的管理	掌握观赏植物栽培的设施;设施内环境的特点;地上部环境的管理;地下部物理环境的管理;综合的环境管理;设施内生产常用的机械	观赏植物栽培的设施;设施内环境的特点;地上部环境的管理;地下部物理环境的管理;综合环境的管理;设施内生产常用的机械	12
观赏植物的栽培与管理	繁殖与育种	掌握花卉的繁殖技术,能独立进行花卉种子、种条、球根的采集并进行收获储藏和采后处理工作	种子繁殖;无性繁殖;快速繁殖;育种	8

（续）

职业功能	工作内容	技能要求	专业知识要求	比重（%）
观赏植物的栽培与管理	切花生产	掌握切花生产工艺流程	切花生产概述；切花生产	7
	盆花生产	掌握盆花生产技术	盆花生产概述；盆花生产	13
	种苗生产	能独立进行种子生产；种球生产；种苗生产	种子生产；种球生产；种苗生产	10
观赏植物的配置及应用	观赏植物的配置	能进行中、小型花坛的设计与施工	花坛设计与植物配置；花境设计与植物配置；盆栽观赏植物装饰；园林绿化植物应用	5
	盆景	了解树桩盆景创作；山水盆景及水旱盆景	盆景概述；树桩盆景创作；山水盆景及水旱盆景	4
	插花艺术	掌握对称式插花的常见类型；掌握不对称式插花的常见类型；掌握插花的陈设与养护	插花的基本理论；对称式插花的常见类型；不对称式插花的常见类型；插花的陈设与养护	10

花卉园艺工（高级）

职业功能	工作内容	技能要求	专业知识要求	比重（%）
观赏植物的识别	观赏植物的识别	识别花卉种类250种以上	观赏植物的分类；观赏植物的识别	9
	观赏植物的生理	掌握主要花卉的植物学特性及其生活条件	同化过程与异化过程；观赏植物的水分与矿质营养；观赏植物对生态环境的适应性	5.6

（续）

职业功能	工作内容	技能要求	专业知识要求	比重(%)
观赏植物的识别	生态系统	熟悉当地常见主要花卉的一般生物学特性和所需生态环境条件	生态系统的组成；生物与环境；生态系统	3.2
观赏植物的环境及调控	土壤环境及其调控	掌握土壤肥料学的理论知识，掌握土壤的性质和花卉对土壤的要求，进一步改良土壤并熟悉无土培养的原理和应用方法	土壤环境及其调控；营养诊断与施肥；灌溉与排水；土壤耕性；观赏植物的无土栽培；土壤消毒的方法	5.6
	生物环境及其调控	熟悉花卉病虫害的基本知识和当地主要花卉病虫害的症状及有效防治措施；懂得化学除莠的理论知识	昆虫的分类；昆虫的生物学特性；病害发生发展的规律；病虫害预测预报的主要内容；观赏植物病虫害的综合防治；常用农药；重点病虫害的发生与防治	9
	气象环境	熟悉当地气候对植物的影响	我国气候的主要特点及类型；温室小气候；灾害性天气及其防御	10
观赏植物的栽培与管理	观赏植物的繁育与管理	因地制宜开展花卉良种繁育试验及物候观察，并分析试验情况，提出改进技术措施	观赏植物种子的采集与调制方法；花卉良种繁育；观赏植物的工厂化育苗	6.8
	观赏植物的整形与修剪	能熟练进行花卉的修剪、整形和造型操作的艺术加工	整形修剪的理论依据；观赏植物整形修剪的基本技术	4

（续）

职业功能	工作内容	技能要求	专业知识要求	比重（％）
观赏植物的栽培与管理	切花与切叶植物生产	掌握广东常见切花、切叶	常见切花、切叶	5
	盆花栽培	精通几种名贵花卉的培育，具有一门以上花卉技术专长	常见盆花栽培技术	4.8
	大树的移栽和古树名木的保护	能对几种大树的移栽；古树名木的保护	大树的移栽；古树名木的保护	5
观赏植物的配置及应用	观赏植物的配置	熟悉一般花坛配置和花卉室内布置、展出及切花的应用	花坛；花境；园林树木的配置与养护	7
	盆栽观赏植物的配置	能独立进行盆栽花卉的一般配置工作	盆栽观赏植物材料的选择；盆花陈设的设计要求；陈设盆花的养护管理	5
	艺术插花	能指导初级、中级进行插花	艺术插花的特点；艺术插花的类别；艺术插花的材料；艺术插花的要点	8
	盆景	能指导初级、中级树桩盆景；山水盆景制作	树桩盆景；山水盆景	12

花卉园艺工(技师)

职业功能	工作内容	技能要求	专业知识要求	比重(%)
观赏植物的识别	观赏植物的识别	识别花卉种类300种以上	观赏植物的分类;观赏植物的识别	9
	观赏植物的生理	掌握主要花卉的植物学特性及其生活条件,懂得观察植物的细胞结构种类	植物组织的细胞;同化过程与异化过程;观赏植物的水分与矿质营养;观赏植物对生态环境的适应性	6
	生态系统	熟悉当地常见主要花卉的一般生物学特性和所需生态环境条件;理解生态环境条件对植物的影响	生态系统的组成;生物与环境;生态系统与植物	3
观赏植物的环境及调控	土壤环境及其调控	掌握土壤的性质和花卉对土壤的要求,熟悉一两种植物无土培养的原理和应用方法	土壤环境及其调控;营养诊断与施肥;灌溉与排水;土壤耕性;观赏植物的无土栽培;土壤消毒的方法	6
	生物环境及其调控	熟悉花卉病虫害基本知识和当地主要花卉病虫害的症状及有效防治措施,懂得化学除莠的理论知识	昆虫的分类;昆虫的生物学特性;病害发生发展的规律;病虫害预测预报的主要内容;观赏植物病虫害的综合防治;常用农药;重点病虫害的发生与防治	9
	气象环境	熟悉当地气候对植物的影响,以及掌握预防措施	我国气候的主要特点及类型;温室小气候;灾害性天气及其防御	10

（续）

职业功能	工作内容	技能要求	专业知识要求	比重（%）
观赏植物的栽培与管理	观赏植物的繁育与管理	因地制宜开展花卉良种繁育试验及物候观察，并分析试验情况，提出改进技术措施	观赏植物种子的采集与调制方法；花卉良种繁育；观赏植物的工厂化育苗	7
	观赏植物的整形与修剪	能熟练地进行花卉的修剪、整形和造型操作的艺术加工，能指导初级、中级人员整形与修剪	整形修剪的理论依据；观赏植物整形修剪的基本技术	4
	切花与切叶植物生产	掌握我国常见切花、切叶的生产	切花、切叶的生产	5
	盆花栽培	精通几种名贵花卉的培育，具有一门以上花卉技术专长	常见盆花栽培技术	4
	大树的移栽和古树名木的保护	熟悉几种大树的移栽；古树名木的保护	大树的移栽；古树名木的保护	5
观赏植物的配置及应用	观赏植物的配置	熟悉大型花坛配置和花卉室内布置、展出及切花的应用	花坛；花境；园林树木的配置与养护	9
	盆栽观赏植物的配置	能独立进行大规模盆栽花卉的一般配置工作	盆栽观赏植物材料的选择；盆花陈设的设计要求；陈设盆花的养护管理	5

(续)

职业功能	工作内容	技能要求	专业知识要求	比重(%)
观赏植物的配置及应用	艺术插花	能指导初级、中级进行插花;能独立参加大型的插花比赛	艺术插花的特点;艺术插花的类别;艺术插花的材料;艺术插花的要点	8
	盆景	能指导初级、中级树桩盆景;山水盆景制作;理论知识丰富	树桩盆景;山水盆景	10

4 比 重 表

4.1 理论知识

项　　　目		初级(%)	中级(%)	高级(%)	技师(%)
观赏植物的识别	植物学基础知识	2.5	6	0	0
	观赏植物的识别	15	10	9	10
	植物开花生理与调控	0	3	5.6	6
	植物遗传基础	0	3.5	0	0
	生态系统	0	0	3.2	4
观赏植物的环境及其调控	植物的生长发育与环境	6	0	0	0
	土壤与肥料	7	0	0	0
	政策与法规	4	0	0	0
	植物保护技术	10	0	0	0

（续）

项　　目		初级 （%）	中级 （%）	高级 （%）	技师 （%）
观赏植物的环境及其调控	观赏植物栽培管理设施和常用器具	7	0	0	0
	土壤环境与调控	0	5.5	5.6	5
	生物环境与调控	0	3	9	7
	气象环境	0	0	10	8
	栽培设施的管理	0	12	0	0
观赏植物的栽培与管理	观赏植物的繁殖技术	6	0	6.8	8
	露地观赏植物的栽培管理	7	0	0	0
	盆栽观赏植物的栽培管理、种苗生产和盆花生产	8	23	4.8	4
	切花的栽培管理与切花生产	2.5	7	0	0
	园林苗木的栽培管理	8	0	0	0
	繁殖与育种	0	8	0	0
	观赏植物的整形与修剪	0	0	4	6
	切花与切叶植物生产	0	0	5	6
	大树的移栽和古树名木的保护	0	0	5	4
观赏植物的配置及应用	观赏植物的配置	6	5	7	8
	盆栽观赏植物的配置	0	0	5	6
	盆景	0	4	12	10
	花卉艺术	5	10	8	8
合计		100	100	100	100

4.2　技能操作

项　　目		初级(%)	中级(%)	高级(%)	技师(%)
观赏植物的识别	植物学基础知识	3	5	0	0
	观赏植物的识别	16	12	10	11
	植物开花生理与调控	0	5	6	7
	植物遗传基础	0	3	0	0
	生态系统	0	0	3	2
观赏植物的环境及其调控	植物的生长发育与环境	4.5	0	0	0
	土壤与肥料	9	0	0	0
	政策与法规	0	0	0	0
	植物保护技术	10	0	0	0
	观赏植物栽培管理设施和常用器具	9	0	0	0
	土壤环境与调控	0	5	6	7
	生物环境与调控	0	3	8	9
	气象环境	0	0	10	7
	栽培设施的管理	0	10	0	0
观赏植物的栽培与管理	观赏植物的繁殖技术	8	0	7	8
	露地观赏植物的栽培管理	5	0	0	0
	盆栽观赏植物的栽培管理、种苗生产和盆花生产	8	23	4	4
	切花的栽培管理与切花生产	3	7	0	0

（续）

项 目		初级 （%）	中级 （%）	高级 （%）	技师 （%）
观赏植物的栽培与管理	园林苗木的栽培管理	7.5	0	0	0
	繁殖与育种	0	10	0	0
	观赏植物的整形与修剪	0	0	6	7
	切花与切叶植物生产	0	0	3	3
	大树的移栽和古树名木的保护	0	0	5	4
观赏植物的配置及应用	观赏植物的配置	4	5	8	9
	盆栽观赏植物的配置	0	0	6	8
	盆景	6	5	10	8
	花卉艺术	7	7	8	6
合计		100	100	100	100

农作物种子繁育员
国家职业标准

1 职业概况

1.1 职业名称

农作物种子繁育员。

1.2 职业定义

从事一年生作物种子及种苗繁殖、生产和试验的人员。

1.3 职业等级

本职业共设五个等级,分别为:初级(国家职业资格五级)、中级(国家职业资格四级)、高级(国家职业资格三级)、技师(国家职业资格二级)、高级技师(国家职业资格一级)。

1.4 职业环境条件

室内、外,常温。

1.5 职业能力特征

具有一定的学习和表达能力,手指、手臂灵活,动作协调,嗅觉、色觉正常。

1.6　基本文化程度

初中毕业。

1.7　培训要求

1.7.1　培训期限

全日制职业学校教育,根据其培养目标和教学计划确定。晋级培训期限:初级不少于 120 标准学时;中级不少于 120 标准学时;高级不少于 120 标准学时;技师不少于 100 标准学时;高级技师不少于 100 标准学时。

1.7.2　培训教师

培训初级、中级的教师,应具有本职业技师及以上的职业资格证书或相关专业中级及以上专业技术职务任职资格;培训高级、技师的教师,应具有本职业高级技师职业资格证书或相关专业高级专业技术职务任职资格;培训高级技师的教师应具有本职业高级技师职业资格证书 2 年以上或相关专业高级专业技术职务任职资格。

1.7.3　培训场地设备

满足教学需要的标准教室、实验室和教学基地,具有相关的仪器设备及教学用具。

1.8　鉴定要求

1.8.1　适用对象

从事或准备从事本职业的人员。

1.8.2　申报条件

——初级(具备以下条件之一者):

(1)经本职业初级正规培训达到规定标准学时数,并取得结业证书。

(2)在本职业连续工作1年以上。

(3)从事本职业学徒期满。

——中级(具备以下条件之一者):

(1)取得本职业初级职业资格证书后,连续从事本职业工作2年以上,经本职业中级正规培训达规定标准学时数,并取得结业证书。

(2)取得本职业初级职业资格证书后,连续从事本职业工作4年以上。

(3)连续从事本职业工作5年以上。

(4)取得经劳动保障行政部门审核认定的、以中级技能为培养目标的中等以上职业学校本职业(专业)毕业证书。

——高级(具备以下条件之一者):

(1)取得本职业中级职业资格证书后,连续从事本职业工作2年以上,经本职业高级正规培训达规定标准学时数,并取得结业证书。

(2)取得本职业中级职业资格证书后,连续从事本职业工作4年以上。

(3)大专以上本专业或相关专业毕业生取得本职业中级职业资格证书后,连续从事本职业工作2年以上。

——技师(具备以下条件之一者):

(1)取得本职业高级职业资格证书后,连续从事本职业工作5年以上,经本职业技师正规培训达规定标准学时数,并取得结业证书。

(2)取得本职业高级职业资格证书后,连续从事本职业工作

8年以上。

（3）大专以上本专业或相关专业毕业生，取得本职业高级职业资格证书后，连续从事本职业工作2年以上。

——高级技师（具备以下条件之一者）：

（1）取得本职业技师职业资格证书后，连续从事本职业工作3年以上，经本职业高级技师正规培训达规定标准学时数，并取得结业证书。

（2）取得本职业技师职业资格证书后，连续从事本职业工作5年以上。

1.8.3　鉴定方式

分为理论知识考试和技能操作考核。理论知识考试采用闭卷笔试方式，技能操作考核采用现场实际操作方式。理论知识考试和技能操作考核均采用百分制，成绩皆达60分以上者为合格。技师、高技技师还须进行综合评审。

1.8.4　考评人员与考生配比

理论知识考试考评人员与考生配比为1∶15，每个标准考场不少于2名考评人员；技能操作考核考评员与考生配比为1∶5，且不少于3名考评员。综合评审委员不少于3人。

1.8.5　鉴定时间

初级、中级、高级理论知识考试时间为90分钟，技能操作考核时间为120分钟。技师、高级技师理论知识考试为120分钟，技能操作考核时间为150分钟。

1.8.6　鉴定场所设备

理论知识考试在标准教室里进行，技能考核须有相应的实验室、考种室、实验田（地）及仪器、设施、设备、农机具等。

2 基本要求

2.1 职业道德

2.1.1 职业道德基本知识

2.1.2 职业守则

(1)爱岗敬业,依法繁种。

(2)掌握技能,精益求精。

(3)保证质量,诚实守信。

(4)立足本职,服务农民。

2.2 基础知识

2.2.1 专业知识

(1)农作物种子知识。

(2)农作物栽培知识。

(3)植物学。

(4)植物保护知识。

(5)土壤知识。

(6)肥料知识。

(7)农业机械知识。

(8)气象知识。

2.2.2 法律知识

(1)《中华人民共和国农业法》。

(2)《中华人民共和国农业技术推广法》。

(3)《中华人民共和国种子法》。

(4)《中华人民共和国植物新品种保护条例》。

(5)《中华人民共和国产品质量法》。

(6)《中华人民共和国经济合同法》等相关的法律法规。

2.2.3　安全知识

(1)安全使用农机具知识。

(2)安全用电知识。

(3)安全使用农药知识。

3　工作要求

本标准对初级、中级、高级、技师和高级技师的技能要求依次递进,高级别涵盖低级别的要求。

3.1　初级

职业功能	工作内容	技能要求	相关知识
一、播前准备	(一)种子(苗)准备	1. 能按要求备好、备足种子(苗) 2. 能按要求进行晒种、浸种、催芽等一般种子处理	种子处理用药知识
	(二)生产资料准备	1. 能按要求准备农药、化肥、农膜等生产资料 2. 能正确使用常用农具	农机具常识
	(三)整地施肥	1. 能进行一般的耕地、平整土地 2. 能施用基肥	耕作常识

(续)

职业功能	工作内容	技能要求	相关知识
二、田间管理	(一)规格种植	能做到播种均匀、深浅一致	了解株、行距,行比等种植规格
	(二)水肥管理	会追肥和排灌水	
	(三)病虫害防治	1. 能按要求配制药液 2. 能正确使用药械	
	(四)适时收获(出圃)	1. 能进行收获、脱粒、清选、晾晒等工作 2. 能安全保管种子(苗)	种子保管知识
三、质量控制	(一)防杂保纯	1. 能按要求防止生物混杂 2. 能按要求防止机械混杂	种子防杂知识
	(二)去杂去劣	能按要求识别并去除杂劣株	

3.2　中级

职业功能	工作内容	技能要求	相关知识
一、播前准备	(一)种子(苗)准备	1. 能独立备好、备足种子 2. 能独立完成较复杂的种子(苗)处理	1. 种子处理知识 2. 品种特性
	(二)种植安排	能按要求落实地块及种植方式	

（续）

职业功能	工作内容	技能要求	相关知识
一、播前准备	(三)生产资料准备	1. 能根据繁种方案准备所需化肥农药、农膜等生产资料 2. 能准备、维修常用农具	
	(四)整地施肥	能完成较复杂的整地施肥工作	耕作知识
二、田间管理	(一)规格种植	能进行规格种植	
	(二)水肥管理	能根据作物生长发育状况进行水肥管理	农作物生理知识
	(三)病虫害防治	1. 能及时发现病、虫、草、鼠害 2. 能正确使用农药	
	(四)适时收获(出圃)	能进行较为复杂的收获、脱粒、晾晒、清选等工作	
三、质量控制	(一)防杂保纯	1. 能防止生物学混杂 2. 能防止机械混杂	作物生殖生长知识
	(二)去杂去劣	能准确去除杂劣株	品种标准
四、田间观察	(一)营养观察	能准确判断作物群体生长、营养、发育状况	作物营养生长知识
	(二)生育观察	1. 能观察记载作物生育时期 2. 能观察记载作物花期相遇情况	

3.3 高级

职业功能	工作内容	技能要求	相关知识
一、播前准备	(一)种子(苗)准备	能正确进行种子(苗)的分发和登记	
	(二)种植安排	1. 能落实田间种植安排 2. 能按方案进行品种试验	1. 不同作物的隔离要求 2. 气象知识
	(三)整地施肥	1. 能指导备足农用物质 2. 能指导整地施肥	
二、田间管理	(一)规格种植	能选择适当的种植时期	农时常识
	(二)水肥管理	能进行作物营养、生长诊断	
	(三)病虫害防治	1. 能采用合理的病、虫、草、鼠害防治措施 2. 能指导使用农药、药械	田间常见病虫害识别知识
	(四)适时收获(出圃)	能准确确定收获期	
三、质量控制	(一)防杂保纯	1. 能指导防止生物学混杂 2. 能指导防止机械混杂	作物生长发育规律
	(二)去杂、去劣	能指导田间去杂、去劣	
	(三)质量检验	1. 能进行田间检验 2. 能通过外观对种子(苗)质量进行初步评价 3. 能测定种子水分、净度、发芽率等	

（续）

职业功能	工作内容	技能要求	相关知识
四、观察记载	（一）田间记载	1. 能进行气候条件的记载 2. 能进行特殊情况的记载	
	（二）生育预测	1. 能较准确地预测花期、育性和成熟期 2. 能进行田间测产	生物统计知识
	（三）建立档案	能记载生产地点、生产地块环境、前茬作物、亲本种子来源和质量、技术负责人等	种子档案知识
五、包装储藏	（一）种子包装	能包装种子（苗）	种子包装知识
	（二）种子储藏	能防止种子（苗）混杂、霉变、鼠害等	种子储藏知识

3.4 技师

职业功能	工作内容	技能要求	相关知识
一、起草方案	（一）明确任务	能起草具体的实施方案	
	（二）选择基地	能落实地块	
	（三）制定技术措施	能合理运用技术措施	
	（四）人员分工	能合理确定人员	管理知识

（续）

职业功能	工作内容	技能要求	相关知识
二、播前准备	（一）种子（苗）准备	1. 能根据种子（苗）特性、特征辨别品种 2. 能及时发现和解决种子（苗）处理中的问题	
	（二）检查指导	1. 能检查评价整地施肥质量 2. 能检查农用物资和农机具准备情况	1. 土壤分类知识 2. 肥料知识
三、田间管理	（一）水肥管理	能制定必要的水肥等促控措施	作物栽培知识
	（二）病虫害防治	能制定科学合理的防治措施	病虫测报及防治知识
	（三）适时收获（出圃）	能精选种子（苗）	
四、质量控制	（一）保持种性	能进行提纯操作	种子提纯操作规程
	（二）去杂、去劣	能确定去杂、去劣的关键时期	
	（三）质量检验	1. 能进行田间质量检查、评定 2. 能进行室内检验法	种子检验知识
五、观察记载	（一）田间记载	能调查田间病虫害并记载	病虫害调查方法
	（二）生育预测	1. 能调节花期相遇 2. 能组织田间测产	
	（三）建立档案	能制定相应的调查记载标准和要求	档案管理知识

（续）

职业功能	工作内容	技能要求	相关知识
六、包装储藏	（一）种子（苗）包装	能检查指导种子（苗）包装	
	（二）种子（苗）储藏	能检查指导种子（苗）储藏	
七、组培脱毒	（一）组织培养	1. 能正确选用培养基 2. 能进行无菌操作	组培知识
	（二）无毒苗生产	1. 会脱毒 2. 能进行无毒繁殖	脱毒原理
八、技术培训	（一）起草培训计划	能起草繁种人员的培训计划	
	（二）实施培训	1. 能对繁种人员进行现场指导 2. 能对初级、中级繁育人员进行技术培训	

3.5 高级技师

职业功能	工作内容	技能要求	相关知识
一、制订方案	（一）明确任务	能确定繁种任务	1. 土壤学 2. 肥料学 3. 作物栽培学
	（二）确定基地	能选定合适的地块	
	（三）制定技术措施	能制定合理的技术措施	

（续）

职业功能	工作内容	技能要求	相关知识
二、质量控制	(一)保持种性	能组织、指导提纯工作	种子学
	(二)质量检验	能组织田间质量检查、评定	
三、组培脱毒	(一)组织培养	能配制培养基	1. 培养基特性 2. 植物病毒学
	(二)无毒苗生产	1. 能指导无毒繁殖 2. 能鉴定脱毒	
四、技术培训	(一)制定培训计划	能制定完善的培训计划	1. 心理学 2. 行为学
	(二)编写讲义	能编写培训讲义或教材	
	(三)技术培训	1. 能阶段性地对繁种人员进行技术培训 2. 能对繁种人员进行系统的技术培训	

4　比重表

4.1　理论知识

项　　目		初级(％)	中级(％)	高级(％)	技师(％)	高级技师(％)
基本要求	职业道德	10	10	10	10	10
	基础知识	35	25	25	5	5

（续）

项　目		初级 （％）	中级 （％）	高级 （％）	技师 （％）	高级技师 （％）
相关 知识	播前准备	15	15	10	5	—
	田间管理	20	15	15	5	—
	质量控制	20	20	15	15	25
	田间观察	—	15	—	—	—
	观察记载	—	—	15	5	—
	包装储藏	—	—	10	5	—
	组培脱毒	—	—	—	10	10
	制订（起草）方案	—	—	—	20	20
	技术培训	—	—	—	20	30
合　计		100	100	100	100	100

4.2 技能操作

项　目		初级 （％）	中级 （％）	高级 （％）	技师 （％）	高级技师 （％）
技能 要求	播前准备	35	25	15	5	—
	田间管理	35	30	30	5	—
	质量控制	30	30	30	20	20
	田间观察	—	15	—	—	—
	观察记载	—	—	15	5	—
	包装储藏	—	—	10	5	—
	组培脱毒	—	—	—	20	20
	制订（起草）方案	—	—	—	20	20
	技术培训	—	—	—	20	40
合　计		100	100	100	100	100

农作物种子加工员
国家职业标准

1 职业概况

1.1 职业名称

农作物种子加工员

1.2 职业定义

对农作物种子从收获后到播种前进行预处理、干燥、清选分级、包衣计量等加工处理的人员。

1.3 职业等级

本职业共设五个等级,分别为初级(国家职业资格五级)、中级(国家职业资格四级)、高级(国家职业资格三级)、技师(国家职业资格二级)、高级技师(国家职业资格一级)。

1.4 职业环境

室内、室外,常温。

1.5 职业能力特征

具有一定的计算能力,声音、颜色辨别能力和实际操作能力,动作协调。

1.6　基本文化程度

初中毕业。

1.7　培训要求

1.7.1　培训期限

全日制职业学校教育,根据其培养目标和教学计划确定。晋级培训期限:初级不少于 150 标准学时;中级不少于 120 标准学时;高级不少于 100 标准学时;技师和高级技师不少于 80 标准学时。

1.7.2　培训教师

培训初级、中级、高级的教师应具备本职业技师及以上职业资格,或相关专业中级及以上专业技术职务任职资格;培训技师的教师应具备高级技师职业资格,或相关专业高级以上专业技术职务任职资格;培训高级技师的教师应具备高级技师职业资格 2 年以上,或相关专业高级以上专业技术职务 2 年以上任职资格。

1.7.3　培训场地与设备

满足教学要求的标准教室,实践场地及必要的教具和设备。

1.8　鉴定要求

1.8.1　适用对象

从事或准备从事本职业的人员。

1.8.2　申报条件

——初级(具备以下条件之一者):

(1)经本职业初级正规培训达规定标准学时数,并取得结业证书。

(2)在本职业连续工作1年以上。

——中级(具备以下条件之一者):

(1)取得本职业初级职业资格证书后,连续从事本职业工作2年以上,经本职业中级正规培训达规定标准学时数,并取得结业证书。

(2)连续从事本职业工作5年以上。

(3)取得经劳动保障行政部门审核认定的,以中级技能为培养目标的中等以上职业学校相关职业(专业)毕业证书。

——高级(具备以下条件之一者):

(1)取得本职业中级职业资格证书后,连续从事本职业工作2年以上,经职业高级正规定培训达规定标准学时数,并取得结业证书。

(2)取得本职业中级职业资格证书后,连续从事本职业工作3年以上。

(3)大专以上本专业或相关专业毕业生,取得本职业中级职业资格证书后,连续从事本职业工作2年以上。

——技师(具备以下条件之一者):

(1)取得本职业高级职业资格证书后,连续从事本职业工作5年以上,经本职业技师正规培训达规定标准学时数,并取得结业证书。

(2)大专以上本专业或相关专业毕业生,取得本职业高级职业资格证书后,连续从事本职业工作3年以上。

——高级技师(具备以下条件之一者):

(1)取得本职业技师职业资格证书后,连续从事本职业工作

3 年以上,经本职业高级技师正规培训达规定标准学时数,并取得结业证书。

(2)大专以上本专业或相关专业毕业生,取得本职业高级职业资格证书后,连续从事本职业工作 5 年以上。

1.8.3　鉴定方式

分为理论知识考试和技能操作考核。理论知识采用闭卷笔试方式,技能操作考核采用现场实际操作方式。理论知识考试和技能操作考核均实行百分制,成绩皆达 60 分及以上为合格。技师、高级技师还须综合评审。

1.8.4　考评人员与考生配比

理论知识考试考评人员与考生配比为 1∶20,每个标准教室不少于 2 名考评人员;技能操作考核考评人员与考生配比为 1∶5,且不少于 3 名考评人员。综合评审委员会不少于 3 人。

1.8.5　鉴定时间

各等级理论知识考试时间不少于 90 分钟;技能操作考核时间不少于 60 分钟。

1.8.6　鉴定场所及设备

理论知识考试在标准教室里进行,技能操作考核在具备必要考核设备的场所进行。

2　基本要求

2.1　职业道德

2.1.1　职业道德基本知识

2.1.2　职业守则

(1)遵纪守法,诚实守信。

(2)敬业爱岗,钻研业务。

(3)质量为本,精益求精。

(4)规范操作,安全生产。

2.2 基础知识

2.2.1 专业知识

(1)农作物种子相关知识。

(2)农作物种子加工原理及设备基本知识。

(3)农作物种子加工工艺流程基本知识。

2.2.2 安全生产知识

(1)安全用电知识。

(2)安全操作机械常识。

(3)安全防火知识。

(4)急救常识。

2.2.3 相关法律、法规知识

(1)《中华人民共和国农业法》相关知识。

(2)《中华人民共和国种子法》及相关条例、规章的知识。

(3)产品质量、计量、合同等相关法律法规知识。

3 工作要求

本标准对初级、中级、高级、技师、高级技师的技能要求依次递进,高级别涵盖低级别的要求。

3.1 初级

职业功能	工作内容	技能要求	相关知识
一、预处理	(一)脱粒	能操作玉米种子脱粒机进行脱粒作业	玉米种子脱粒机的结构、原理及使用方法
	(二)预清选	能操作风筛式预清机进行清选作业	风筛式预清机的使用、保养和保管知识
二、干燥	(一)测定种子含水率	能用仪器测定种子含水率	主要农作物种子含水率测定方法
	(二)干燥作业	1. 能用固定床(堆放)式干燥设备,干燥小麦、水稻和玉米种子 2. 能清除机具中残留的种子	1. 固定床式种子干燥设备主要原理、结构及使用方法 2. 种子干燥基本知识
三、清选分级	(一)清选	1. 能操作风筛式清选机和比重式清选机 2. 能更换风筛式清选机筛片和比重式清选机工作台面 3. 能更换传动件、密封件等简单易损件	种子物理特性知识
	(二)分级	能操作种子分级机进行分级作业	种子分级机操作技术要求
四、包衣	(一)包衣	能操作药勺供药装置的包衣机进行包衣作业	种子包衣一般知识
	(二)包衣后干燥	能操作种子干燥设备并进行包衣种子干燥作业	种子包衣后的干燥处理技术知识

（续）

职业功能	工作内容	技能要求	相关知识
五、计量包装	（一）计量	能操作电脑定量秤进行种子计量作业	定量包装一般知识
	（二）包装	能使用计量附属设备（提升机、输送机、封口机）进行包装作业	计量附属设备（提升机、输送机、封口机）包装作业操作技术要求

3.2 中级

职业功能	工作内容	技能要求	相关知识
一、预处理	（一）脱粒	能调整使用玉米种子脱粒机	脱粒机工作原理和使用方法
	（二）除芒、刷种	1. 能使用除芒机除去水稻、大麦等种子上的芒刺 2. 能使用刷种机除去蔬菜、牧草、绿肥等种表面刺毛附属物	除芒机、刷种机工作原理、结构特点和使用方法
	（三）预清选	根据物料条件和加工要求，确定风筛式预清机工作参数	风筛式预清机原理、结构和使用方法
二、干燥	（一）干燥作业	能根据操作规程，使用循环式和塔式种子干燥机	干燥机结构特点、工作原理
	（二）干燥工艺	能根据实际情况估算干燥时间 能根据要求计算出燃料消耗量	单位耗热量计算知识

（续）

职业功能	工作内容	技能要求	相关知识
三、清选分级	（一）清选	1. 能选用风筛式清选机筛片和比重式清选机工作台面 2. 能调节风筛式清选机前后吸风道风量 3. 能调节比重式清选机工作参数	1. 风筛式清选机结构与原理 2. 比重式清选机结构与原理
	（二）分级	能使用圆筒筛分级机进行种子分级	圆筒筛分级机结构和原理
四、选后处理	（一）包衣	1. 能调整药勺供药装置的包衣机药种比 2. 能判断包衣种子是否合格	1. 种子包衣机结构、原理及使用方法 2. 包衣种子技术条件
	（二）保管	能按规定保管种衣剂和包衣种子	种衣剂安全使用、保管常识
五、计量包装	（一）计量	能使用两种以上计量方式的全自动计量包装机进行计量作业	计量包装设备原理、结构与使用方法
	（二）包装	能按要求选择相应包装材料	种子包装工作要求及包装材料

3.3 高级

职业功能	工作内容	技能要求	相关知识
一、预处理	（一）故障检查	1. 能对预清机进行故障检查 2. 能对风筛式预清机进行故障检查	种子预处理机械结构与原理

(续)

职业功能	工作内容	技能要求	相关知识
一、预处理	(二)排除故障	能对种子预处理机械进行维护并排除故障	机械维修基本知识
二、干燥	(一)编制操作规程	能对含水率较高的玉米果穗制定穗粒分段干燥操作规程	种子干燥处理操作技术要求
	(二)排除故障	能排除干燥机常见故障	种子干燥机械的结构与工作原理
三、清选分级	(一)清选分级	1. 能使用窝眼筒清选机 2. 能选用不同窝眼尺寸的窝眼筒	窝眼筒清选机的结构与工作原理
	(二)排除故障	能排除清选机和分级机机械故障	清选机和分级机的结构与工作原理
四、选后处理	(一)包衣	1. 能使用主要类型包衣机进行种子包衣作业 2. 能选用种衣剂	种衣剂主要成分和性能
	(二)排除故障	能排除主要类型包衣机故障	包衣机械的结构与工作原理
五、计量包装	(一)包装	1. 能根据计量要求,选用不同计量包装设备 2. 能使用调整喷码机对种子包装袋进行喷码作业	计量包装设备的结构与工作原理
	(二)排除故障	能排除包装机的电气、机械、物料阻塞等常见故障	包装机械的结构与工作原理

3.4　技师

职业功能	工作内容	技能要求	相关知识
一、预处理	(一)确定机具	能根据物料条件及番茄、西瓜等特殊种子加工要求,确定脱粒、预清选、除芒、刷种方法和机具类型	番茄、西瓜等特殊种子湿加工工艺技术要求
	(二)棉种脱绒	1. 能使用泡沫酸和过量式稀硫酸棉籽脱绒成套设备进行脱绒作业 2. 能使用机械脱绒设备进行脱绒作业	1. 棉种酸脱绒基本原理 2. 棉种机械脱绒原理
二、干燥	(一)编制操作规程	能编制蔬菜等特殊种子操作规程	蔬菜等特殊种子物理特性
	(二)设备维护	能提出热能、干燥设备检查和维修技术方案	热能、干燥设备维修知识
三、清选分级	(一)清选	能根据物料情况和加工要求,确定风筛式清选机筛选流程	风筛式清选机筛选流程工艺知识
	(二)分级	能根据物料情况和分级要求,选用分级机筛孔形状和尺寸,制定种子分级方案	播种分级技术知识
四、选后处理	(一)包衣	1. 能根据不同农作物种子包衣要求确定种衣剂类型,合理使用种衣剂 2. 能维修各类包衣机	1. 主要农作物病虫害常识、农药管理知识 2. 种衣剂、包衣机技术标准
	(二)包衣丸粒化	1. 能使用丸化机进行丸化处理作业 2. 能维修保养丸化机	丸化机原理、结构与使用保养

（续）

职业功能	工作内容	技能要求	相关知识
五、培训与指导	(一)培训	能对初级、中级、高级种子加工人员进行培训	培训教学的基本方法和要求
	(二)指导	1. 能指导初级、中级、高级种子加工员进行种子加工 2. 能解决种子加工过程中的技术问题	技术指导常用方法

3.5　高级技师

职业功能	工作内容	技能要求	相关知识
一、干燥	(一)推广干燥新技术	能指导推广应用种子干燥新技术和机具	物料热特性知识
	(二)创新干燥工艺	能分析总结不同烘干机干燥种子实际效果,完善工艺,提出改进意见	传热、传湿知识
二、清选分级	(一)清选	根据不同种子清选要求,提出相应清选工艺和设备方案	种子加工工艺技术知识
	(二)分级	根据精密播种发展和农艺要求,对种子分级级别和播种精度提出方案	播种等农艺及机械设备技术知识
三、选后处理	(一)丸粒化	根据农艺要求使用药剂,提出丸化工艺方案	农药化工基本知识
	(二)筛选应用	能筛选各类选后处理新技术及设备,指导推广应用	种子选后处理技术知识

（续）

职业功能	工作内容	技能要求	相关知识
四、培训与管理	（一）培训	1. 能制定各级种子加工员培训计划 2. 能编写各级种子加工员培训讲义 3. 能对各级种子加工员进行业务培训	农业科技科普写作知识
	（二）管理	1. 能提出质量控制管理方案；制定各类加工设备管理规章制度 2. 能指导加工档案建立，提出改进加工质量建议	产品质量和工艺流程管理知识

4　比重表

4.1　理论知识

项　　目		初级（％）	中级（％）	高级（％）	技师（％）	高级技师（％）
基本要求	职业道德	5	5	5	5	5
	基础知识	45	20	20	15	15
相关知识	种子预处理	15	15	10	10	—
	种子干燥	15	10	15	15	15
	清选分级	10	20	20	15	20
	选后处理	5	20	20	20	15
	计量包装	5	10	10	10	—
	培训与指导	—	—	—	10	10
	技术管理	—	—	—	—	20
合计		100	100	100	100	100

4.2 技能操作

项 目		初级 (%)	中级 (%)	高级 (%)	技师 (%)	高级技师 (%)
技能 要求	种子预处理	20	10	5	15	—
	种子干燥	20	10	15	15	15
	种子清选分级	40	40	30	25	20
	种子选后处理	10	20	20	20	15
	种子计量包装	10	20	20	15	—
	培训与指导	—	—	—	10	25
	技术管理	—	—	—	—	25
合 计		100	100	100	100	100

农 艺 工
国家职业标准

1 职业概况

1.1 职业名称

农艺工。

1.2 职业定义

从事粮、棉、油、糖等大田作物的农田耕整、土壤改良、作物栽种、田间管理、收获储藏等农业生产活动的人员。

1.3 职业等级

本职业共设五个等级,分别为:初级(国家职业资格五级)、中级(国家职业资格四级)、高级(国家职业资格三级)、技师(国家职业资格二级)、高级技师(国家职业资格一级)。

1.4 职业环境

室内、室外,常温。

1.5 职业能力特征

具有一定的学习能力、辨别能力、表达能力、空间感和实际操作能力,手指、手臂灵活,动作协调,色觉、嗅觉、听觉正常。

1.6 基本文化程度

初中毕业。

1.7 培训要求

1.7.1 培训期限

全日制职业学校教育,根据其培养目标和教学计划确定。晋级培训期限:初级不少于 240 标准学时;中级不少于 180 标准学时;高级不少于 120 标准学时;技师不少于 120 标准学时,高级技师不少于 100 标准学时。

1.7.2 培训教师

培训初级、中级工的教师应具有本职业技师及以上职业资格证书,或本专业中级及以上专业技术职务任职资格;培训高级工、技师的教师应具有本职业高级技师职业资格证书,或本专业高级及以上专业技术职务任职资格;培训高级技师的教师应具有本职业高级技师职业资格证书 2 年以上,或本专业高级及以上专业技术职务任职资格。

1.7.3 培训场地设备

理论培训场地应具有可容纳 20 名以上学员的标准教室,并配备投影仪、电视机及播放设备;实际操作培训场所应具有相关的场地、仪器设备及教学用具。

1.8 鉴定要求

1.8.1 适用对象

从事或准备从事本职业的人员。

1.8.2 申报条件

——初级(具备以下条件之一者):

(1)经本职业初级正规培训达规定标准学时数,并取得结业证书。

(2)在本职业连续工作 2 年以上。

——中级(具备以下条件之一者):

(1)取得本职业初级职业资格证书后,连续从事本职业工作 2 年以上,经本职业中级正规培训达规定标准学时数,并取得结业证书。

(2)取得本职业初级职业资格证书后,连续从事本职业工作 4 年以上。

(3)连续从事本职业工作 5 年以上。

(4)取得经劳动保障行政部门审核认定的、以中级技能为培养目标的中等以上职业学校本职业(专业)毕业证书。

——高级(具备以下条件之一者):

(1)取得本职业中级职业资格证书后,连续从事本职业工作 2 年以上,经本职业高级正规培训达规定标准学时数,并取得结业证书。

(2)取得本职业中级职业资格证书后,连续从事本职业工作 4 年以上。

(3)大专本专业毕业生或相关专业毕业生,连续从事本专业 2 年以上。

——技师(具备以下条件之一者):

(1)取得本职业高级职业资格证书后,连续从事本职业工作 3 年以上,经本职业技师正规培训达规定标准学时数,并取得毕(结)业证书。

（2）取得本职业高级职业资格证书后,连续从事本职业工作5年以上。

（3）大专本专业或相关专业毕业生,取得本职业高级职业资格证书后,连续从事本职业工作2年以上。

（4）大专本专业或相关专业毕业生,连续从事本职业工作满2年。

——高级技师(具备以下条件之一者)：

（1）取得本职业技师职业资格证书后,连续从事本职业工作3年以上,经本职业高级技师正规培训达规定标准学时数,并取得毕(结)业证书。

（2）取得本职业技师职业资格证书后,连续从事本职业工作5年以上。

1.8.3　鉴定方式

分为理论知识考试和技能操作考核,理论知识考试采用闭卷笔试方式,技能操作考核采用现场实际操作方式。理论知识考试和技能操作考核均实行百分制,成绩皆达60分以上者为合格。技师和高级技师还需进行综合评审。

1.8.4　考评人员与考生配比

理论知识考试考评人员与考生配比为1∶20,每个标准教室不少于2名考评人员;技能操作考核考评员与考生配比为1∶5,且不少于3名考评员。综合评审委员不少于5人。

1.8.5　鉴定时间

理论知识考试为90分钟,技能操作考核为60分钟。综合评审不少于30分钟。

1.8.6　鉴定场所及设备

理论知识考试在标准教室进行;技能操作考核在具有必要

设备的教学实施基地及田间现场进行。

2　基本要求

2.1　职业道德

2.1.1　职业道德基本知识

2.1.2　职业守则

(1)遵纪守法,诚信为本。

(2)爱岗敬业,认真负责。

(3)勤奋努力,精益求精。

(4)吃苦耐劳,团结合作。

2.2　基础知识

2.2.1　专业知识

(1)土壤和肥料基础知识。

(2)农业气象知识。

(3)作物栽培知识。

(4)植物保护知识。

(5)收获和贮藏基础知识。

(6)农田灌溉知识。

(7)农业机械基础知识。

(8)农业环境与保护基本知识。

2.2.2　安全知识

(1)农业机械、器具安全使用知识。

(2)安全使用肥料知识。

(3)安全用电知识。

(4)安全使用农药知识。

(5)农产品质量安全知识。

2.2.3　相关法律、法规知识

(1)《中华人民共和国农业法》的相关知识。

(2)《中华人民共和国农业技术推广法》的相关知识。

(3)《中华人民共和国劳动法》的相关知识。

(4)《中华人民共和国合同法》的相关知识。

(5)《中华人民共和国种子法》的相关知识。

(6)《中华人民共和国农产品质量安全法》的相关知识。

(7)《中华人民共和国农药管理条例》的相关知识。

3　工作要求

本标准对初级、中级、高级、技师和高级技师的技能要求依次递进,高级别涵盖低级别的要求。

3.1　初级

职业功能	工作内容	技能要求	相关知识
一、播前准备	(一)土地准备	1. 能实施播前灌溉 2. 能确定耕翻时期和深度 3. 能按要求施用基肥	1. 土壤耕作常识 2. 基肥施用知识 3. 轮作倒茬知识
	(二)农资准备	1. 能按要求准备肥料,妥善保管 2. 能按要求准备种子 3. 能按要求准备农药	1. 农药基本知识 2. 肥料基本知识 3. 种子基本知识

（续）

职业功能	工作内容	技能要求	相关知识
一、播前准备	（三）育苗	1. 能够按要求准备育苗设施 2. 能够按指定的药剂进行育苗设施、基质消毒 3. 能够按指定的地点和面积准备苗床 4. 能够按配方配制基质和营养液 5. 能按要求直播或催芽播种 6. 能按要求进行幼苗管理	1. 消毒剂使用方法 2. 苗床制作知识 3. 基质知识 4. 种子发芽常识 5. 幼苗管理常识
二、播种	（一）整地	1. 能够按指定的时间、深度和墒情进行平整土地 2. 能够按要求开排、灌沟，起垄作畦，铺设节水设备 3. 能够按规定浓度使用除草剂	1. 除草剂使用方法和注意事项 2. 土壤结构一般知识 3. 农田排、灌水常识
	（二）直播	1. 能按要求进行播种 2. 能按要求对种子覆土	播种方式和方法
	（三）移栽	1. 能够开沟或穴 2. 能按指定的时间、深度、密度移栽 3. 能够按要求浇移栽水	移栽常识
三、田间管理	（　）耕作管理	1. 能按要求保墒、中耕、松土、除草 2. 能够根据不同作物的要求起垄培土	1. 常用耕作技术知识 2. 起垄培土方法

（续）

职业功能	工作内容	技能要求	相关知识
三、田间管理	（二）肥水管理	1. 能够按配方适时追肥、补施微肥 2. 能够按作物要求和灌溉方式进行灌溉	1. 追肥、浇水方法 2. 叶面施肥方法
	（三）植株管理	1. 能按要求进行间、定苗 2. 能按要求整枝 3. 能按要求喷洒生长调节剂	1. 间、定苗知识 2. 整枝知识与方法 3. 化学调控知识
	（四）病、虫、草、鼠害防治	1. 能够按要求保管农药，使用、清洗药械 2. 能够按防治方案使用农药防治病、虫、草、鼠害	1. 常用药械保管知识 2. 农药储存、保管及安全使用常识 3. 常用病、虫、草、鼠害防治方法
四、收获管理	（一）收获	1. 能够按要求收获 2. 能够清理植株残体和杂物	1. 作物成熟标准 2. 收获方法 3. 田间清理知识
	（二）整理	1. 能够按质量标准整理产品 2. 能按要求包装产品	作物产品的整理与包装方法
	（三）储藏	1. 能按标准储藏产品 2. 能按要求防治仓库病、虫、鼠害	1. 产品储藏知识 2. 仓库病、虫、鼠害知识

3.2　中级

职业功能	工作内容	技能要求	相关知识
一、播前准备	(一)土地准备	1. 能根据作物种类确定基肥的种类和数量 2. 能根据土壤墒情进行播前灌溉 3. 能够选配和使用除草剂	1. 施肥基础知识 2. 灌溉基础知识 3. 除草剂知识
	(二)农资准备	1. 能根据不同作物种类和面积准备肥料 2. 能辨别常用肥料的外观质量 3. 能按要求选择作物品种、检查种子质量、处理种子 4. 能选择农药种类,辨别常用农药外观质量	1. 肥料知识 2. 常用肥料质量标准 3. 种子知识 4. 农药知识
	(三)育苗	1. 能按要求进行苗床整修,并维护设施 2. 能根据作物幼苗生长要求配制基质 3. 能确定基质消毒药剂 4. 能计算苗床面积 5. 能根据作物种子特性进行种子处理 6. 能进行育苗期间的相应技术调查 7. 能培育出适龄壮苗	1. 作物营养知识 2. 基质配制方法 3. 种子处理知识 4. 消毒剂配制方法 5. 苗期技术调查方法 6. 幼苗管理基本知识

(续)

职业功能	工作内容	技能要求	相关知识
二、播种	(一)整地	1. 能按作物和耕地状况平整土地 2. 能按要求进行排、灌沟的布局	1. 土壤耕作知识 2. 农田水利知识 3. 农机具基本知识
	(二)直播	1. 能计算播种量 2. 能适时、适量,按适宜深度播种	播种知识
	(三)移栽	1. 能确定移栽方案 2. 能检查移栽质量	1. 育苗和移栽知识 2. 作业质量检查方法
三、田间管理	(一)耕作管理	能检查中耕、松土、保墒、除草及起垄培土的质量	土壤耕作知识
	(二)肥水管理	1. 能按照作物不同生育时期及生长情况,进行土壤施肥、随水施肥及叶面施肥 2. 能按作物生长状况、土壤墒情确定灌溉时期 3. 能按照要求采集土壤样品	1. 作物生育期与需肥特性知识 2. 作物灌溉、施肥基本知识 3. 根外施肥知识 4. 土壤样品采集知识
	(三)植株管理	1. 能制定间、定苗的具体方案 2. 能制定作物整枝的具体方案 3. 能确定生长调节剂使用时期、种类、剂量	1. 合理密植知识 2. 作物营养生长与生殖生长知识 3. 植物生长调节剂相关知识
	(四)病、虫、草、鼠害防治	1. 能识别当地主要病、虫、草、鼠害及其天敌 2. 能使用农药、药械,防治病、虫害 3. 能配制药液、毒土(饵),防治病、虫、鼠害,检查防治效果	1. 常见病、虫、草、鼠害的调查方法 2. 常用药械维护知识 3. 常用药品配制计算方法

（续）

职业功能	工作内容	技能要求	相关知识
四、收获管理	（一）收获	1. 能按要求确定作物采收时间 2. 能检查收获质量 3. 能根据作物情况制定秸秆还田方案	1. 产品采收知识 2. 产品外观质量鉴定知识 3. 作物秸秆还田知识
	（二）整理	1. 能进行产品检测采样 2. 能检查产品整理质量	1. 产品质量标准及采样方法 2. 产品整理知识
	（三）储藏	1. 能根据收获产品的特性制定储存方案 2. 能调查仓库病、虫、鼠害	1. 产品储藏知识 2. 仓库病、虫、鼠害调查方法

3.3　高级

职业功能	工作内容	技能要求	相关知识
一、育苗	（一）苗情诊断	1. 能识别苗期常见病、虫害，并能及时进行防治 2. 能判断幼苗长势长相	1. 苗期病、虫害症状知识 2. 苗情诊断知识
	（二）幼苗管理	能根据植株长势长相，调节生长环境	幼苗生长环境调控知识
二、田间管理	（一）肥水管理	1. 能识别主要作物常见的营养缺乏及营养过剩症状 2. 能鉴别常用肥料的质量 3. 能实施节水灌溉	1. 作物常见的营养缺乏及营养过剩症状知识 2. 常用肥料的鉴别知识 3. 作物需肥、需水规律

(续)

职业功能	工作内容	技能要求	相关知识
二、田间管理	(二)植株管理	1. 能根据留苗密度实施管理措施 2. 能根据植株长势长相进行综合调控	1. 田间管理知识 2. 植物生长调节方法
	(三)病、虫、草、鼠害防治	1. 能按要求开展病虫草鼠害调查 2. 能进行常用剂型农药的配制 3. 能识别农药中毒症状并能进行现场救护	1. 农药配制知识 2. 农药安全使用常识和农药中毒急救方法
三、收获管理	(一)收获	1. 能在收获前对产量进行测定 2. 能依据收获农产品品质要求及时收获 3. 能根据作物特点制定残茬处理、土壤耕翻方案	1. 测定产量知识 2. 农产品质量分级常识 3. 茬口安排知识
	(二)储藏	1. 能根据产品的特点选择设施,确定仓储方案 2. 能制定和实施仓库病、虫、鼠害综合防治方案	1. 仓储知识 2. 仓库病、虫、鼠害发生与综合防治知识
四、技术指导	(一)拟定生产计划	能起草年度种植计划	耕作制度知识
	(二)技术示范	能对初级、中级人员进行生产技术操作示范	作物栽培管理知识

3.4　技师

职业功能	工作内容	技能要求	相关知识
一、育苗	(一)苗情诊断	能识别苗期生理与侵染性病虫害,并制定综合防治措施	苗期病、虫害综合防治知识
	(二)幼苗管理	1. 能制定幼苗管理方案 2. 能根据植株长势长相进行管理	1. 幼苗管理知识 2. 苗情诊断知识
二、田间管理	(一)肥水管理	1. 能根据主要作物的各种缺素及营养过剩症状,制定相应的调节措施 2. 能根据作物的长势长相,制定相应的水肥管理措施 3. 能制定节水灌溉方案 4. 能依据土壤测试结果,制定施肥方案	1. 作物栽培知识 2. 作物营养诊断知识 3. 配方施肥知识 4. 节水灌溉知识
	(二)植株管理	能根据作物生育特性及阶段生长特点制定调控方案	植株长势与调控措施相关知识
	(三)病、虫、草、鼠害防治	能对主要病、虫、草、鼠害发生期和发生量进行调查,汇总分析	主要病、虫、草、鼠害发生特点
三、技术管理	(一)编制生产计划	1. 能根据作物生产特点及环境条件制定轮作方案 2. 能依据主要作物特性进行合理布局,制定生产计划 3. 能制定农资采购计划	1. 作物生长与环境关系知识 2. 农作物布局知识 3. 农业经营管理有关知识

（续）

职业功能	工作内容	技能要求	相关知识
三、技术管理	(二)技术评估	1. 能评估技术措施应用效果 2. 能对技术措施存在的问题提出改进方案	技术评估方法
	(三)信息管理	能采集、整理和应用相关农业信息	1. 计算机应用及网络基础知识 2. 农业信息管理有关知识
	(四)技术开发与总结	1. 能有计划地引进、试验、示范、推广新品种,应用新材料、新技术 2. 能编写生产技术总结	1. 田间实验与统计知识 2. 种子繁育基础知识 3. 农业技术推广的有关知识 4. 常用应用文的写作知识
四、培训指导	(一)技术培训	1. 能制定初级、中级、高级人员培训计划并进行培训 2. 能准备初级、中级、高级人员培训资料、实验用材	1. 培训计划编制方法 2. 讲稿编写方法
	(二)技术指导	能对初级、中级、高级人员在各生产环节进行实验示范和指导	技术指导方法

3.5　高级技师

职业功能	工作内容	技能要求	相关知识
一、田间管理	(一)肥水管理	1. 能依据作物的种类和品种特性及水肥需求规律,制定相应的水肥管理方案 2. 能根据作物需求和生态环境优化节水灌溉措施	1. 作物生理生化基础知识 2. 测土配方施肥实施规范 3. 微机决策施肥原理、实施步骤
	(二)病、虫、草、鼠害防治	1. 能识别检疫性病、虫、草害 2. 能应用预测预报数据,制定综合防治方案	1. 检疫性病、虫、草害知识 2. 病、虫、草、鼠害统计分析方法及预测预报基础知识 3. 综合防治知识
	(三)中低产田改良	1. 能应用土壤化验数据,分析低产原因 2. 能制定有效地土壤改良措施	1. 作物高产的土壤限制因素及其相关知识 2. 土壤改良与培肥方法
	(四)自然灾害补救	1. 能制定自然灾害预防措施 2. 能调查受灾情况 3. 能鉴定农业生产灾害,制定补救方案	1. 自然灾害预防知识 2. 灾情调查方法 3. 灾害性天气有关知识
二、技术管理	(一)编制生产计划	1. 能及时了解主要农产品的市场信息,制订作物种植结构方案 2. 能根据国家标准,组织无公害、绿色、有机农产品的生产 3. 能根据国家计划、粮食安全要求,调整种植计划	1. 农产品市场预测知识 2. 优势农产品布局及农产品质量安全有关知识 3. 无公害、绿色、有机农产品标准

（续）

职业功能	工作内容	技能要求	相关知识
二、技术管理	(二)技术开发与总结	1. 能根据生产中存在的问题,开展试验研究与技术创新 2. 能指导农作物的良种繁育 3. 能针对相关专题撰写论文	1. 试验研究基本知识 2. 作物品种的提纯复壮及杂交制种知识 3. 论文撰写方法
三、培训指导	(一)技术培训	1. 能编制高级工和技师培训计划 2. 能准备高级工和技师培训资料、实验用材 3. 能对高级工和技师进行培训	1. 培训计划编制方法 2. 生产实习教学法的有关知识
	(二)技术指导	能对技师进行实验示范和实训示范	

4　比重表

4.1　理论知识

项　　　目		初级(%)	中级(%)	高级(%)	技师(%)	高级技师(%)
基本要求	职业道德	5	5	5	5	5
	基础知识	25	20	15	10	5

（续）

项　　目		初级 （％）	中级 （％）	高级 （％）	技师 （％）	高级技师 （％）
相关 知识	播前准备	15	15	—	—	—
	播种	10	10	—	—	—
	育苗	—	—	10	10	
	田间管理	35	40	35	30	25
	收获管理	10	10	10	—	—
	技术管理				25	40
	技术指导			25		
	培训指导	—	—	—	20	25
合　　计		100	100	100	100	100

4.2　技能操作

项　　目		初级 （％）	中级 （％）	高级 （％）	技师 （％）	高级技师 （％）
技能 要求	播前准备	15	15	—	—	—
	播种	20	20	—	—	—
	育苗	—	—	15	15	
	田间管理	50	45	40	35	30
	收获管理	15	20	20		
	技术管理	—		—	30	45
	示范指导			25		
	培训指导	—	—		20	25
合　　计		100	100	100	100	100

啤酒花生产工
国家职业技能标准

1 职业概况

1.1 职业编码

5-01-01-02

1.2 职业名称

啤酒花生产工。

1.3 职业定义

从事啤酒花种植、田间管理、收获和初加工的人员。

1.4 职业技能等级

本职业技能共设四个等级,分别为:初级(国家职业资格五级)、中级(国家职业资格四级)、高级(国家职业资格三级)、技师(国家职业资格二级)。

1.5 职业环境条件

室外,常温。

1.6　职业能力倾向

具有一定的学习能力、表达能力、计算能力、颜色辨别能力、实际操作能力,动作协调,嗅觉、味觉等正常。

1.7　普通受教育程度

初中毕业(或相当文化程度)。

1.8　职业培训要求

1.8.1　晋级培训期限

初级技能不少于 150 标准学时;中级技能不少于 120 标准学时;高级技能不少于 100 标准学时;技师技能不少于 80 标准学时。

1.8.2　培训教师

培训初级、中级的教师应具有本职业高级及以上职业资格证书或相关专业中级及以上专业技术职务任职资格;培训高级的教师应具有本职业技师职业资格证书或相关专业中级及以上专业技术职务任职资格;培训技师的教师应具有本职业技师职业资格证书 2 年以上或相关专业高级专业技术职务任职资格。

1.8.3　培训场所设备

满足教学需要的教室、实验室和教学基地,具有相关的仪器设备及教学用具。

1.9　职业技能鉴定要求

1.9.1　申报条件

——具备以下条件之一者,可申报初级:

（1）经本职业初级技能正规培训达规定标准学时数，并取得结业证书。

（2）在本职业岗位见习 1 年以上。

——具备以下条件之一者，可申报中级：

（1）取得本职业初级技能职业资格证书后，连续从事本职业工作 2 年以上，经本职业中级技能正规培训达规定标准学时数，并取得结业证书。

（2）取得本职业初级技能职业资格证书后，连续从事本职业工作 3 年以上。

（3）连续从事本职业工作 4 年以上，并经本职业中级技能正规培训达规定标准学时数，并取得结业证书。

（4）取得经教育、人力资源和社会保障行政部门审核认定、以中级技能为培养目标的中等及以上职业学校本专业毕业证书（含尚未取得毕业证书的在校应届毕业生）。

——具备以下条件之一者，可申报高级：

（1）取得本职业中级技能职业资格证书后，连续从事本职业工作 2 年以上，经本职业高级技能正规培训达规定标准学时数，并取得结业证书。

（2）取得本职业中级技能职业资格证书后，连续从事本职业工作 4 年以上。

（3）取得国家认可的高等职业院校本职业（专业）毕业证书。

（4）大专毕（结）业生，经本职业高级技能正规培训达规定标准学时数，并取得结业证书。

（5）本专业本科毕业生。

（6）连续从事本职业工作 8 年以上，经本职业高级正规培训达规定标准学时数，并取得结业证书。

——具备以下条件之一者,可申报技师:

(1)取得本职业高级技能职业资格证书后,连续从事本职业工作 4 年以上,经本职业技师正规培训达规定标准学时数,并取得结业证书。

(2)取得本职业高级技能职业资格证书后,连续从事本职业工作 6 年以上。

(3)大专本专业或相关专业毕业,从事本职业工作 5 年以上,经本职业技师正规技能培训,取得结业证书。

(4)本科及本科以上本职业或相关专业,从事本职业工作 4 年以上,经本职业技能培训,取得结业证书。

(5)连续从事本职业工作 15 年以上,经本职业技师正规培训达规定标准学时数,并取得结业证书。

1.9.2　鉴定方式

分为理论知识考试和技能操作考核,理论知识考试采用闭卷笔试方式,技能操作考核采用现场实际操作方式。理论知识考试和技能操作考核均采用百分制,成绩皆达 60 分及以上者为合格。技师还须进行综合评审。

1.9.3　监考及考评人员与考生配比

理论知识考试中的监考人员与考生配比为 1∶20,每个标准教室不少于 2 名监考人员;技能操作考核中的考评人员与考生配比为 1∶5,且不少于 3 名考评人员;综合评审委员不少于 5 名。

1.9.4　鉴定时间

理论知识考试时间不少于 90 分钟;技能操作考核时间;各等级技能操作考核时间不少于 60 分钟;综合评审时间不少于 30 分钟。

1.9.5 鉴定场所及设备

理论知识考试在标准教室进行,技能操作考核在田间现场及具有必要仪器、设备的实验室进行。

2 基本要求

2.1 职业道德

2.1.1 职业道德基本知识

2.1.2 职业守则

(1)遵纪守法,诚信为本。

(2)爱岗敬业,认真负责。

(3)勤奋努力,精益求精。

(4)吃苦耐劳,团结合作。

(5)规范操作,实事求是。

2.2 基础知识

2.2.1 专业知识

(1)土壤和肥料基础知识。

(2)农业气象基本知识。

(3)作物栽培知识。

(4)植物病、虫、草、鼠害防治知识。

(5)收获、加工和储藏基础知识。

(6)农田灌溉知识。

(7)农业机械基础知识。

(8)农业环境与保护基本常识。

2.2.2 安全知识

(1)农业机械、器具安全使用知识。

(2)安全使用肥料知识。

(3)安全用电基本知识。

(4)安全使用农药知识。

(5)农产品质量安全知识。

2.2.3　相关法律、法规知识

(1)《中华人民共和国农业法》的相关知识。

(2)《中华人民共和国农业技术推广法》的相关知识。

(3)《中华人民共和国劳动法》的相关知识。

(4)《中华人民共和国合同法》的相关知识。

(5)《中华人民共和国农产品质量安全法》的相关知识。

(6)《中华人民共和国农药管理条例》的相关知识。

3　工作要求

本标准对初级、中级、高级和技师的技能要求依次递进,高级别涵盖低级别的要求。

3.1　初级技能

职业功能	工作内容	技能要求	相关知识
1 识别啤酒花品种	1.1 按球果形态区别啤酒花球果	1.1.1 能根据成熟啤酒花球果的形态特征辨别3种球果果型	1.1.1 不同种类啤酒花球果的外部形态特征知识　1.1.2 啤酒花球果发育知识

（续）

职业功能	工作内容	技能要求	相关知识
1 识别啤酒花品种	1.2 区分啤酒花茎叶形态	1.2.1 能根据啤酒花茎叶不同生长部位的发育特点识别常见啤酒花类型2种茎叶外部形态	1.2.1 啤酒花营养器官生长发育知识 1.2.2 啤酒花茎叶形态知识
2 育苗	2.1 根茎育苗	2.1.1 能用修根法收集根茎 2.1.2 能处理插条和进行根茎扦插	2.1.1 苗床整理方法 2.1.2 根茎采集方法 2.1.3 根茎扦插育苗知识
	2.2 苗期管理	2.2.1 能栽苗、移苗 2.2.2 能进行灌溉、追肥和中耕除草 2.2.3 能防治苗期病、虫、草害	2.2.1 幼苗栽植、移植知识 2.2.2 灌溉、施肥方法 2.2.3 农药配制基本方法
	2.3 起苗、包装	2.3.1 能起苗 2.3.2 能对成苗进行包装	2.3.1 幼苗起苗方法 2.3.2 幼苗包装常识
3 啤酒花园的建立	3.1 搭架子	3.1.1 能进行栽杆 3.1.2 能进行搭架	3.1.1 啤酒花园栽杆方法 3.1.2 啤酒花园搭架基本常识
	3.2 啤酒花栽植	3.2.1 能平整耕地 3.2.2 能开挖定植穴(沟) 3.2.3 能进行啤酒花定植	3.2.1 耕地平整方法 3.2.2 开沟起垄方法 3.2.3 挖定植穴(沟)方法 3.2.4 啤酒花直栽、育苗移栽栽植方法

（续）

职业功能	工作内容	技能要求	相关知识
4 啤酒花园管理	4.1 生长期植株管理	4.1.1 能对新植啤酒花查苗、补苗、间苗和定苗 4.1.2 能进行割芽修根、整芽扶苗、幼苗抹杈	4.1.1 苗情调查方法 4.1.2 补苗、间苗方法 4.1.3 修枝整枝方法
	4.2 土肥水管理	4.2.1 能进行施肥和灌溉 4.2.2 能根据啤酒花生长情况进行叶面喷肥 4.2.3 能进行啤酒花园中耕除草、地面覆盖和间作	4.2.1 追肥、浇水方法 4.2.2 根外追肥方法 4.2.3 啤酒花园中耕除草、地面覆盖和间作方法 4.2.4 常用农机具使用和保养常识
	4.3 病、虫、草害防治	4.3.1 能使用农药、保养喷药设备 4.3.2 能防治病、虫、草害	4.3.1 病、虫、草害防治方法 4.3.2 施药方法 4.3.3 药剂保管及农药器械保养常识
	4.4 收获	4.4.1 能够按照质量要求采收啤酒花 4.4.2 能进行啤酒花采收后储运	4.4.1 啤酒花采收方法 4.4.2 啤酒花储运基本方法
	4.5 休眠期管理	4.5.1 能进行啤酒花割蔓清园 4.5.2 能对啤酒花培土防寒,灌越冬水	4.5.1 采后管理常识 4.5.2 安全越冬常识

3.2　中级技能

职业功能	工作内容	技能要求	相关知识
1 啤酒花品种识别	1.1 按枝蔓特点和花型辨别啤酒花品种	1.1.1 能根据啤酒花枝蔓生长特点和成熟期区别早、中、晚熟品种 1.1.2 能根据啤酒花花型区分3个不同品种	1.1.1 啤酒花种类划分知识 1.1.2 啤酒花品种形态特征常识
	1.2 按品质识别3个啤酒花品种	1.2.1 能根据α-酸、β-酸值含量区分3个常见啤酒花品种 1.2.2 能根据香味区分啤酒花3个品种	1.2.1 啤酒花质量标准知识 1.2.2 啤酒花主要有效成分构成基本知识
2 育苗	2.1 根茎假植、包装	2.1.1 能根据生产需要采集繁殖材料 2.1.2 能进行根茎假植 2.1.3 能进行根茎运输、包装	2.1.1 根茎质量鉴别知识、存储假植知识 2.1.2 根茎运输、包装方法
	2.2 苗期管理	2.2.1 能进行扦插苗的土、肥、水管理 2.2.2 能进行扦插苗的病、虫、草害防治	2.2.1 扦插苗管理知识 2.2.2 扦插育苗炼苗壮根知识 2.2.3 扦插苗病、虫、草防治知识
	2.3 苗木分级和假植	2.3.1 能根据啤酒花幼苗长势、质量进行分级 2.3.2 能对啤酒花幼苗进行假植	2.3.1 幼苗出圃知识 2.3.2 幼苗存储、假植方法

（续）

职业功能	工作内容	技能要求	相关知识
3 啤酒花园的建立	3.1 布设网架	3.1.1 能根据当地的架型结构布网 3.1.2 能维修网架	3.1.1 啤酒花架型结构知识 3.1.2 啤酒花垄作知识 3.1.3 维修网架方法
	3.2 啤酒花栽植	3.2.1 能配制药剂进行栽前幼苗消毒处理 3.2.2 能根据不同品种类型整地、开沟起垄	3.2.1 土壤改良知识 3.2.2 合理密植知识 3.2.3 消毒药剂使用知识 3.2.4 啤酒花栽植方法
4 啤酒花园管理	4.1 生长期植株管理	4.1.1 能根据品种,架型结构确定留蔓密度 4.1.2 能够确定割芽修根、整芽扶苗、幼苗抹杈时期 4.1.3 能进行抹芽、疏叶、疏枝、缠蔓、绑蔓、摘心等	4.1.1 预防低温、晚霜冻害知识 4.1.2 植株生长管理知识 4.1.3 更新根茎方法
	4.2 土肥水管理	4.2.1 能根据啤酒花不同生长时期进行灌水、施肥 4.2.2 能进行叶面喷肥、补施微肥	4.2.1 啤酒花水肥需求规律知识 4.2.2 根外施肥知识
	4.3 病、虫、草害防治	4.3.1 能识别啤酒花主要病、虫、草害及天敌种类 4.3.2 能使用农药、药械,防治病、虫、草害 4.3.3 能配制药液、毒土(饵),防治病、虫、草害	4.3.1 病虫草害调查基本方法 4.3.2 常用药械维护知识 4.3.3 常用药品配制计算方法

（续）

职业功能	工作内容	技能要求	相关知识
4 啤酒花园管理	4.4 收获	4.4.1 能判断啤酒花成熟时期 4.4.2 能判断啤酒花等级	4.4.1 啤酒花成熟期判断方法 4.4.2 啤酒花质量分级方法
	4.5 休眠期管理	4.5.1 能确定适宜的时间进行清园、割蔓,培土防寒 4.5.2 能确定适宜的时间进行培土防寒,灌越冬水	4.5.1 采后管理知识 4.5.2 安全越冬知识

3.3 高级技能

职业功能	工作内容	技能要求	相关知识
1 育苗	1.1 苗情诊断	1.1.1 能识别苗期常见病、虫害,并能进行防治 1.1.2 能判断幼苗长势长相,并实施培育壮苗管理措施	1.1.1 啤酒花无性繁殖技术 1.1.2 苗期病、虫害诊断知识 1.1.3 苗情判断知识
	1.2 苗期管理	1.2.1 能根据植株长势长相,调节生长环境 1.2.2 能根据幼苗发育情况灌水、配肥、补施肥料	1.2.1 幼苗生长环境调控知识 1.2.2 幼苗水、肥管理知识
2 啤酒花园的建立	2.1 搭架布网	2.1.1 能使用简单的测量工具布线定点 2.1.2 能组织实施啤酒花园的建园方案 2.1.3 能实施防风林带栽植	2.1.1 啤酒花品种的生长结果习性 2.1.2 简单的测量学知识 2.1.3 防护林建设知识

（续）

职业功能	工作内容	技能要求	相关知识
2 啤酒花园的建立	2.2 啤酒花栽植	2.2.1 能根据当地环境气候和土质条件确定适宜栽植密度 2.2.2 能根据当地土壤条件确定施肥沃土	2.2.1 光照、降水和积温知识 2.2.2 土壤改良知识
3 啤酒花园管理	3.1 生长期植株管理	3.1.1 能制订割芽修根、整芽扶苗、幼苗抹杈技术方案 3.1.2 能制订抹芽、疏叶、疏枝、缠蔓、绑蔓、摘心等生长期管理技术方案	3.1.1 啤酒花生物学特性知识 3.1.2 啤酒花修剪整枝知识
	3.2 土、肥、水管理	3.2.1 能制订啤酒花施肥和灌溉方案 3.2.2 能制订啤酒花根外追肥方案 3.2.3 能确定生长调节剂使用时期、种类和剂量	3.2.1 啤酒花营养生长与生殖生长知识 3.2.2 植物生长调节剂相关知识
	3.3 病、虫、草害防治	3.3.1 能诊断啤酒花的病、虫、草害 3.3.2 能制订啤酒花病、虫、草害综合防治方案 3.3.3 能根据不同农药安全间隔期合理用药	3.3.1 病、虫、草害发生规律及综合防治知识 3.3.2 无公害农产品安全生产标准
	3.4 收获	3.4.1 能在收获前对产量进行测定 3.4.2 能按照质量要求选择适当工具进行收获	3.4.1 啤酒花测产方法 3.4.2 啤酒花品质分级知识 3.4.3 啤酒花机械采收技术

（续）

职业功能	工作内容	技能要求	相关知识
4 技术指导、培训	4.1 制订生产计划	4.1.1 能对当年啤酒花生产进行技术小结 4.1.2 能制订啤酒花的周年生产计划	4.1.1 啤酒花栽培技术规程 4.1.2 经营管理有关知识
	4.2 技术指导、培训	4.2.1 能对初级、中级人员进行生产技术操作示范、指导 4.2.2 能对初级、中级人员进行生产技术培训	4.2.1 啤酒花栽培管理知识 4.2.2 啤酒花周年管理知识 4.2.3 技术指导方法

3.4 技师技能

职业功能	工作内容	技能要求	相关知识
1 育苗	1.1 选择品种培育壮苗	1.1.1 能根据市场需要选择和引进啤酒花品种 1.1.2 能运用现代育苗技术培育壮苗	1.1.1 引种知识 1.1.2 啤酒花产销知识 1.1.3 啤酒花现代育苗技术
	1.2 病、虫害防治	1.2.1 能识别啤酒花苗期病、虫害并制定防治措施 1.2.2 能识别啤酒花苗期常见生理性病害并制定防治措施	1.2.1 啤酒花主要病、虫害诊断与综合防治技术 1.2.2 啤酒花苗期生理病害识别与调控知识
2 啤酒花园的建立	2.1 啤酒花园规划设计	2.1.1 会使用测量工具 2.1.2 能进行啤酒花园的规划设计 2.1.3 能根据地形、品种对不同架型材料需求进行测算	2.1.1 测量学知识 2.1.2 啤酒花建园知识 2.1.3 啤酒花园地规划相关知识 2.1.4 成本测算知识

（续）

职业功能	工作内容	技能要求	相关知识
2 啤酒花园的建立	2.2 啤酒花品种选择	2.2.1 能根据当地环境条件和市场需要选择啤酒花种植品种 2.2.2 能根据当地环境条件和市场需要培育苗木更换啤酒花种植品种	2.2.1 啤酒花品种知识 2.2.2 啤酒花产销知识
3 啤酒花园管理	3.1 生长期植株管理	3.1.1 能针对植株不同生长状况，制定合理的架型结构 3.1.2 能运用各种拉蔓布网方法调整群体结构、改善植株光照、调控植株生长发育	3.1.1 啤酒花丰产栽培知识 3.1.2 啤酒花丰产栽培拉蔓布网方法
	3.2 土、肥、水管理	3.2.1 能根据土壤测试结果制订施肥方案 3.2.2 能根据植株营养分析的结果制订施肥方案	3.2.1 土壤肥力判断知识 3.2.2 植株营养诊断知识 3.2.3 平衡施肥知识
	3.3 收获	3.3.1 能对收获的鲜花进行储存 3.3.2 能根据烘烤进度安排收获量	3.3.1 啤酒花采后储晾知识 3.3.2 啤酒花烘烤储藏知识
4 技术指导、培训	4.1 制订生产计划	4.1.1 能评估技术措施应用效果 4.1.2 能对存在问题提出改进方案 4.1.3 能有计划地开展啤酒花新材料、新技术的引进和试验示范	4.1.1 啤酒花技术评估相关知识 4.1.2 市场调研知识 4.1.3 啤酒花新材料、新技术知识

（续）

职业功能	工作内容	技能要求	相关知识
4 技术指导、培训	4.2 技术指导、培训	4.2.1 能组织和实施对初级、中级人员进行生产技术操作示范、指导 4.2.2 能组织和实施对初级、中级人员进行生产技术培训	4.2.1 技术培训计划制订 4.2.2 技术培训管理组织方法

4 比重表

4.1 理论知识

项目	技能等级	初级(%)	中级(%)	高级(%)	技师(%)
基本要求	职业道德	5	5	5	5
	基础知识	20	20	10	5
相关知识要求	识别啤酒花品种	10	10	—	—
	育苗	15	15	20	20
	啤酒花园的建立	20	20	25	25
	啤酒花园管理	30	30	20	20
	技术指导、培训	—	—	20	25
合　计		100	100	100	100

4.2　技能操作

技能等级 项目		初级 （%）	中级 （%）	高级 （%）	技师 （%）
基本 要求	识别啤酒花品种	10	10	—	—
	育苗	30	20	20	20
	啤酒花园的建立	30	30	30	30
	啤酒花园管理	30	40	30	30
	技术指导、培训	—	—	20	20
合　　计		100	100	100	100

果树园艺工
国家职业标准

1. 职业概况

1.1 职业名称

果树园艺工。

1.2 职业定义

从事果树繁殖育苗、果园设计和建设、土壤改良、栽培管理、果品收获及采后处理等生产活动的人员。

1.3 职业等级

本职业共设五个等级,分别为:初级(国家职业资格五级)、中级(国家职业资格四级)、高级(国家职业资格三级)、技师(国家职业资格二级)、高级技师(国家职业资格一级)。

1.4 职业环境

室内、外,常温。

1.5 职业能力特征

具有一定的学习能力、表达能力、计算能力、颜色辨别能力、空间感和实际操作能力,动作协调,色觉、嗅觉、味觉等正常。

1.6 基本文化程度

初中毕业。

1.7 培训要求

1.7.1 培训期限

全日制职业学校教育,根据其培养目标和教学计划确定。晋级培训期限:初级不少于 150 标准学时;中级不少于 120 标准学时;高级不少于 100 标准学时;技师不少于 80 标准学时;高级技师不少于 80 标准学时。

1.7.2 培训教师

培训初级、中级的教师应具有本职业技师及以上职业资格证书或本专业中级及以上专业技术职务任职资格;培训高级、技师的教师应具有本职业高级技师职业资格证书或本专业高级及以上专业技术职务任职资格;培训高级技师的教师应具有本职业高级技师职业资格证书 3 年以上或本专业高级及以上专业技术职务任职资格 3 年以上。

1.7.3 培训场地与设备

满足教学需要的标准教室、实验室和教学基地,具有相关的仪器设备及教学用具。

1.8 鉴定要求

1.8.1 适用对象

从事或准备从事本职业的人员。

1.8.2 申报条件

——初级(具备以下条件之一者):

(1)经本职业初级正规培训达规定标准学时数,并取得结业证书。

(2)在本职业连续工作 2 年以上。

——中级(具备以下条件之一者):

(1)取得本职业初级职业资格证书后,连续从事本职业工作 2 年以上,经本职业中级正规培训达规定标准学时数,并取得结业证书。

(2)取得本职业初级职业资格证书后,连续从事本职业工作 4 年以上。

(3)连续从事本职业工作 6 年以上。

(4)取得经劳动保障行政部门审核认定的、以中级技能为培养目标的中等以上职业学校本职业(专业)毕业证书。

——高级(具备以下条件之一者):

(1)取得本职业中级职业资格证书后,连续从事本职业工作 3 年以上,经本职业高级正规培训达规定标准学时数,并取得结业证书。

(2)取得本职业中级职业资格证书后,连续从事本职业工作 5 年以上。

(3)取得高级技工学校或经劳动保障行政部门审核认定的、以高级技能为培养目标的高等职业学校本职业(专业)毕业证书。

(4)取得本职业中级职业资格证书的大专以上本专业或相关专业毕业生,连续从事本职业工作 2 年以上。

(5)大专以上本专业毕业生,经本职业高级正规培训达规定标准学时数,并取得结业证书。

——技师(具备以下条件之一者):

(1)取得本职业高级职业资格证书后,连续从事本职业工作4年以上,经本职业技师正规培训达规定标准学时数,并取得结业证书。

(2)取得本职业高级职业资格证书后,连续从事本职业工作6年以上。

(3)大专以上本专业或相关专业毕业生,取得本职业高级职业资格证书后,连续从事本职业工作2年以上。

(4)大专以上本专业毕业生,连续从事本职业工作5年以上。

——高级技师(具备以下条件之一者):

(1)取得本职业技师职业资格证书后,连续从事本职业工作3年以上,经本职业高级技师正规培训达规定标准学时数,并取得结业证书。

(2)取得本职业技师职业资格证书后,连续从事本职业工作5年以上。

(3)取得中级(含中级)以上专业技术职务任职资格,连续从事本职业工作3年以上。

1.8.3 鉴定方式

分为理论知识考试和技能操作考核,理论知识考试采用闭卷笔试方式,技能操作考核采用现场实际操作方式。理论知识考试和技能操作考核均采用百分制,成绩皆达60分及以上者为合格。技师、高级技师还须进行综合评审。

1.0.4 考评人员与考生配比

理论知识考试考评人员与考生配比为1∶15,每个标准教室不少于2名考评人员;技能操作考核考评员与考生配比为1

：5,且不少于 3 名考评员;综合评审委员不少于 5 人。

1.8.5　鉴定时间

理论知识考试时间不少于 90 分钟,技能操作考核时间不少于 60 分钟。综合评审时间不少于 30 分钟。

1.8.6　鉴定场所及设备

理论知识考试在标准教室进行,技能操作考核在田间现场及具有必要仪器、设备的实验室及进行。

2. 基本要求

2.1　职业道德

2.1.1　职业道德基本知识

2.1.2　职业守则

(1)敬业爱岗,忠于职守。

(2)认真负责,实事求是。

(3)勤奋好学,精益求精。

(4)遵纪守法,诚信为本。

(5)规范操作,注意安全。

2.2　基础知识

2.2.1　专业知识

(1)土壤和肥料基础知识。

(2)农业气象常识。

(3)果树栽培知识。

(4)果园病、虫、草害防治基础知识。

(5)果品采后处理基础知识。

(6)果园常用的农机使用常识。

(7)农药基础知识。

(8)果园田间试验设计与统计分析常识。

2.2.2　安全知识

(1)安全使用农药知识。

(2)安全用电知识。

(3)安全使用农机具知识。

(4)安全使用肥料知识。

2.2.3　相关法律、法规知识

(1)《中华人民共和国农业法》的相关知识。

(2)《中华人民共和国农业技术推广法》的相关知识。

(3)《中华人民共和国劳动法》的相关知识。

(4)《中华人民共和国合同法》的相关知识。

(5)《中华人民共和国种子法》的相关知识。

(6)《农药管理条例实施办法》的相关知识。

(7)国家、地方及行业果树产地环境、产品质量标准,以及生产技术规程。

3. 工作要求

本标准对初级、中级、高级、技师和高级技师的技能要求依次递进,高级别涵盖低级别的要求。

3.1 初级工

职业功能	工作内容	技能要求	相关知识
一、果树分类和识别	(一)果树植物学特征和生物学特性	能够根据果树的外观特征识别果树 15 种	1. 果树的外观特征 2. 果树的区划栽培
	(二)果实的外观和内在品质	能够根据果实外观特征识别果实 20 种	1. 果实的外观特征 2. 果实的营养成分
二、育苗	(一)种子采集与处理	1. 能够采集、调制和储藏种子 2. 能够进行种子的沙藏处理	1. 种子采集、调制和储藏知识 2. 种子休眠知识 3. 层积处理知识
	(二)播种	1. 能够整地和做畦 2. 能够识别主要果树砧木种子 3. 能够根据种子特性确定播种方法	1. 种子识别知识 2. 整地做畦知识 3. 播种方式和方法
	(三)实生苗管理	1. 能够进行灌溉、追肥和中耕除草 2. 能够进行间苗和移栽	1. 出苗期管理知识 2. 灌溉、施肥知识 3. 幼苗移栽知识
	(四)扦插育苗	1. 能够进行整地、做畦和覆地膜 2. 能够进行插条处理 3. 能够进行扦插	1. 促进扦插生根知识 2. 扦插方法 3. 扦插苗管理知识
	(五)压条育苗	1. 能够进行水平压条育苗 2. 能够进行直立压条育苗	1. 水平压条育苗知识 2. 直立压条育苗知识

（续）

职业功能	工作内容	技能要求	相关知识
二、育苗	（六）嫁接育苗	1. 能够采集接穗和保存接穗 2. 能够进行果树 T 形芽接和嵌芽接的操作，嫁接速度达到 60 个芽/小时，或枝接 20 个接穗/小时 3. 能够检查成活、解绑和剪砧	1. 采集和保存接穗知识 2. 果树芽接知识 3. 果树枝接知识
	（七）起苗、苗木分级、包装和假植	1. 能够进行起苗 2. 能够进行苗木消毒处理 3. 能够进行苗木包装和假植	1. 苗木出圃知识 2. 安全使用农药知识 3. 苗木储藏方法
三、果树栽植	（一）果树栽植前的准备	1. 能够挖定植穴（沟） 2. 能够进行改土、施肥、回填和洇地等栽前准备工作	1. 土壤结构知识 2. 挖定植穴（沟）方法 3. 回填土施肥技术
	（二）果树的栽植	1. 能够栽植果树横竖成行 2. 能够进行分苗、扶苗、埋土各个环节的操作	1. 果树根系生长知识 2. 果树苗木根茎、芽序知识 3. 果树栽植技术
	（三）果树的栽后管理	1. 能够进行定干、刻芽、抹芽、定梢操作 2. 能够进行果树栽后灌水、套袋、松土、覆膜各个环节的操作	1. 果树生长习性知识 2. 土壤保水增温知识
四、果园管理	（一）土肥水管理	1. 能够进行土壤施肥和灌溉 2. 能够进行叶面喷肥 3. 能够识别常见的化肥种类 4. 能够使用和保养果园常用的农机具	1. 土壤和肥料知识 2. 果树根系分布特点 3. 施肥和灌溉方法 4. 果园土壤管理知识 5. 常用农机具使用和保养常识

（续）

职业功能	工作内容	技能要求	相关知识
四、果园管理	(二)花果管理	1. 能够进行疏花、疏果 2. 能够进行果实套袋和撤袋	1. 疏花、疏果知识 2. 果实套袋知识 3. 果实成熟度确定和采收方法
	(三)果树修剪	1. 能够进行抹芽、疏梢、摘心、剪梢、疏枝、环剥、环割、扭梢、拉枝、拿枝、撑枝、绑梢、绑蔓、短截、疏枝、回缩和缓放等修剪方法的单项操作 2. 能够使用、保养和维修常用的修剪工具	1. 主要修剪方法及作用 2. 修剪工具使用和保养知识
	(四)休眠期管理	1. 能够进行休眠期果园的清理 2. 能够进行刮树皮、树干涂白 3. 能够进行果树的越冬保护(幼树压倒埋土、北侧培半圆形土埂、枝干缠裹塑料膜及喷、涂抑制蒸发剂等)	1. 休眠期病、虫、草害综合防治知识 2. 果树防寒知识 3. 果树越冬肥水管理知识
	(五)设施果树管理	能够根据天气情况调节设施的温度、湿度和光照	1. 设施环境特点 2. 设施环境调控知识
	(六)病虫草害防治	1. 能够使用喷药设备进行喷药 2. 能够保管农药和保养喷药设备 3. 能够识别当地主要果树病害和害虫各 5 种	1. 果树常见病虫、杂草识别方法 2. 安全使用农药知识 3. 药剂保管及农药器械保养知识

（续）

职业功能	工作内容	技能要求	相关知识
五、采后处理	（一）果实的采收	1. 能够根据果实用途（鲜食、储藏、加工）确定果实成熟期 2. 能够进行 5 种果实的采摘操作	1. 果实成熟标准 2. 果品采摘知识
	（二）果实分级	能够根据分级标准进行果实分级	1. 果实分级标准
	（三）果实打蜡和包装	1. 能够使用果品清洗和打蜡机械 2. 能够进行果实的包装和装运	1. 果实清洗和打蜡机械使用知识 2. 果品包装和运输知识

3.2　中级工

职业功能	工作内容	技能要求	相关知识
一、果树的品种识别与环境要求	（一）果树植物学特征和生物学特性	能够根据果树的植株特征识别 3 种果树的各 3 个品种	果树品种的植株特征
	（二）果实的外观和内在品质	能够识别 3 种果树的各 3 个品种的果实	1. 果树品种的果实特征 2. 果树品种的区划栽培

(续)

职业功能	工作内容	技能要求	相关知识
二、育苗	(一)种子处理	1. 能够进行种子分级 2. 能够进行种子生活力鉴定 3. 能够进行层积处理	1. 砧木种子分级标准 2. 种子休眠机制及调控方法 3. 种子生活力鉴定方法
	(二)播种	1. 能够计算播种量 2. 能够确定播种期	1. 播种量的计算方法 2. 播种期确定方法
	(三)实生苗管理	能够进行间苗和移栽	幼苗间苗、移栽知识
	(四)扦插育苗	能够制作或安装荫棚、沙床和全光照弥雾沙床	荫棚和沙床建造知识
	(五)压条育苗	1. 能够进行曲枝压条育苗 2. 能够进行空中压条育苗	1. 曲枝压条育苗知识 2. 空中压条育苗知识
	(六)分株育苗	1. 能够进行根蘖分株育苗 2. 能够进行匍匐茎和根状茎分株育苗 3. 能够进行吸芽分株育苗	1. 分株苗繁殖原理 2. 相关果树的生物学特性 3. 分株方法 4. 分株苗管理技术
	(七)嫁接育苗	1. 能够进行果树的芽接,芽接速度达到 80 芽/小时 2. 能够进行果树的枝接操作,枝接速度达到 25 个接穗/小时	1. 果树嫁接成活机制及促进成活的方法 2. 嫁接方法 3. 嫁接后管理知识
	(八)起苗、苗木分级、包装和假植	1. 能够进行苗木质量检验 2. 能够确定苗木消毒所使用的药剂种类	1. 苗木质量分级标准 2. 苗木消毒相关知识

（续）

职业功能	工作内容	技能要求	相关知识
三、果园设计与建设	（一）果园设计	1. 能够根据不同环境条件选择种植品种 2. 能够设计主栽品种与授粉搭配、栽植株行距与栽植方式、果园道路与灌水与排水	1. 果树品种知识 2. 果园设计知识
	（二）果树建设	1. 能够根据当地气候，确定栽植时期 2. 能够进行苗木栽前处理 3. 能进行果树栽后病虫防治	1. 当地气候常识 2. 果树栽植知识 3. 果树植保知识
四、果园管理	（一）土、肥、水管理	1. 能够根据果树生长情况确定施肥时期、肥料种类、施肥方法及施肥量 2. 能够根据果树生育期选择肥料种类 3. 能够进行果园土壤管理（清耕、生草、间作、免耕和覆盖等） 4. 能够进行果园土壤改良	1. 果树根系分布特点及生长规律 2. 果树肥、水需求特性 3. 常用肥料特性及施用技术 4. 灌水方法和节水栽培技术 5. 果园土壤管理知识 6. 各种类型土壤特性、土壤改良技术
	（二）花果管理	1. 能够实施果园防霜技术措施 2. 能够进行花粉采集、调制和保存 3. 能够进行人工授粉 4. 能进行摘叶、转果、铺反光膜	1. 预防晚霜的知识 2. 坐果的机理及提高坐果率的技术 3. 果实品质的商品知识、食用知识、营养知识和加工知识等 4. 影响果实品质的因素及提高果实品质的技术

（续）

职业功能	工作内容	技能要求	相关知识
四、果园管理	(三)生长调节剂使用	1. 能够判断树体生长势 2. 能够根据果树生长势选择和使用生长调节剂 3. 能够配制生长调节剂溶液	1. 果树生长势判断知识 2. 生长调节剂相关知识 3. 生长调节剂溶液配制方法
	(四)果树整形修剪	1. 能够进行果树休眠期的整形修剪 2. 能够进行果树生长期的修剪	1. 果树枝芽类型、特性及应用 2. 果树生长结果平衡调控技术
	(五)果实采收	1. 能够判断果实的成熟度和采收期 2. 能够操作果品分级机械	1. 果实成熟度知识 2. 果品分级机械使用知识
四、果园管理	(六)病、虫、草害防治	1. 能够识别当地主栽果树的常见病害和害虫各10种 2. 能够根据果园的病、虫、草害，确定农药的种类	1. 果树常见病、虫、草害识别和防治知识 2. 常用农药功效和使用常识
	(七)设施果树管理	1. 能够确定设施果树的扣棚和升温时间 2. 能够确定有害气体的种类、出现的时间 3. 能够根据设施内的空间和果树生长结果习性，进行设施果树的修剪	1. 果树休眠知识 2. 果树生长发育与环境知识 3. 土壤盐渍化知识 4. 设施环境调控知识 5. 设施栽培果树修剪知识

（续）

职业功能	工作内容	技能要求	相关知识
五、采后处理	（一）果实的质量检测	1. 能够根据果品外观质量标准判定产品质量 2. 能准备清洗和打蜡设备 3. 能够使用折光仪测定果实的可溶性固形物含量 4. 能够使用硬度计测定果实硬度	1. 外观质量标准知识 2. 清洗打蜡设备知识 3. 折光仪、硬度计使用常识
	（二）果实的商品化处理	1. 能够根据果实特性选择包装材料和设备 2. 能够进行冷库的灭菌操作 3. 能够操作冷库设备进行果实储藏	1. 包装材料和设备知识 2. 冷库机械设备知识 3. 冷库灭菌知识

3.3　高级工

职业功能	工作内容	技能要求	相关知识
一、育苗	（一）苗情诊断	1. 能够判断苗木的长势，并调整肥、水管理等措施 2. 能够识别当地主要树种苗期常见生理性病害	1. 果树生长势判断知识 2. 果树苗期营养诊断知识
	（二）病虫害防治	能够识别当地主要树种和品种苗期常见病、虫害	1. 苗期主要病、虫害识别 2. 常见病、虫害综合防治技术 3. 无病毒果苗繁育常识

(续)

职业功能	工作内容	技能要求	相关知识
一、育苗	(三)嫁接	1. 能够根据树种、品种、栽培环境选用砧木 2. 能够进行果树的芽接,芽接速度达到100个芽/小时 3. 能够进行果树的枝接操作,枝接速度达到50个接穗/小时 4. 能进行大树多头高接操作	1. 嫁接亲和力知识 2. 常用砧木特性 3. 大树高接换优相关知识
	(四)容器育苗	1. 能够根据苗木根系特点选择容器进行容器育苗 2. 能够配制营养土	1. 容器特性 2. 基质和肥料特性 3. 容器苗的肥、水管理知识
二、果园设计与建设	(一)建园设计	1. 能够使用平板仪、皮尺、标杆等测量工具进行果园勘测 2. 能够进行小型果园的建园方案设计	1. 果树种类、品种的生长结果习性 2. 测量学知识 3. 园地规划知识
	(二)建园方案实施	1. 能够按大型果园的建园方案实地放大图实施 2. 能够实施保护地果树、棚架果树、观光采摘休闲果园的建园方案	1. 果树保护地生长结果习性 2. 旅游接待知识 3. 果树设施材料相关知识
三、果园管理	(一)肥水管理和植株调控	1. 能够识别本地主要果树常见的缺素症和营养过剩症 2. 能够根据植株长势,制定肥、水管理措施 3. 能够根据果树长势,制定果树生长势调控措施	1. 果树生长发育知识 2. 果树生长势判断知识 3. 果树常见缺素症和营养过剩症知识 4. 果树生长势调控技术

（续）

职业功能	工作内容	技能要求	相关知识
三、果园管理	(二)果树整形修剪	1. 能够根据果树树体生长结果情况制定相应的修剪方案 2. 能够完成本地主要果树的整形修剪 3. 能够运用各种修剪方法,调整树形、改善树冠内光照、调控树体生长发育和节省营养	1. 果树整形修剪知识 2. 果树生长结果平衡知识
	(三)设施果树管理	1. 能够根据植株生长情况,调控生长环境 2. 能够进行设施果树的整形修剪 3. 能够进行设施果树的土肥、水管理	1. 主要设施类型特点 2. 设施果树生长发育与肥水需求特点 3. 设施环境控制技术 4. 设施果树修剪知识
	(四)病虫害防治	1. 能识别本地常见果树的常见病害和害虫各15种 2. 能制定当地主栽树种常见病、虫、草害综合防治方案	1. 主栽果树常见病、虫害的发生规律 2. 果树病、虫害识别和综合防治技术
四、技术管理	(一)生产计划的制定	能够制定果园年度生产计划	1. 果园周年管理知识 2. 果树生产技术知识
	(二)生产计划的实施	1. 能根据果树物候期和年度生产计划进行人员安排调配 2. 能根据果树生长情况实施技术方案	1. 果树物候期知识 2. 劳动力管理知识 3. 环境条件、技术措施与果树生长相关性

（续）

职业功能	工作内容	技能要求	相关知识
五、技术指导	(一)技术示范	能够对初级、中级人员进行技术操作示范	1. 果树栽培知识 2. 果园机械、设备使用知识
	(二)技术指导	能够对初级、中级人员进行技术指导	1. 果树栽培知识 2. 技术指导方法

3.4 技师

职业功能	工作内容	技能要求	相关知识
一、育苗	(一)苗情诊断	能够识别果树苗期生理病害	1. 果树苗期生理病害识别 2. 常见生理病害防治知识
	(二)病虫害防治	能够识别常见果树苗期的病、虫害	1. 果树苗期病、虫识别 2. 苗期病、虫害综合防治知识
二、果园设计与建设	(一)果园规划与设计	1. 能够使用经纬仪等测量工具勘测果园 2. 能够进行大中型果园的规划设计 3. 能够组织实施大中型果园设计方案	1. 经纬仪使用知识 2. 果树建园知识 3. 果树树种和品种知识
	(二)果园建设	1. 能够按无公害及绿色果品生产标准建园 2. 能够按无公害及绿色果品生产标准实施果园管理技术方案	1. 无公害及绿色果品生产标准知识 2. 国家相关标准的学习

（续）

职业功能	工作内容	技能要求	相关知识
三、果园管理	（一）肥、水管理	1. 能够识别本地常见果树的缺素症和营养过剩症 2. 能够根据土壤测试和叶片分析的结果，制定施肥方案	1. 主要果树营养诊断知识 2. 平衡施肥知识
	（二）病、虫害防治	1. 能够识别本地常见果树的病害和害虫各25种 2. 能够制定当地常见果树病、虫害综合防治方案	1. 果树病、虫害识别 2. 果树病、虫害综合防治知识
	（三）果树整形修剪	能够制定果树修剪技术方案	1. 果树整形修剪知识 2. 果树生长结果平衡理论知识和修剪方法
四、果品储藏	（一）冷库建造	1. 能够设计建造简易通风冷藏库 2. 能够设计建造小型冷库设施和选购小型制冷设备	1. 建筑设计和施工知识 2. 制冷机械知识
	（二）果品储藏保鲜	1. 能够实施果品采收预冷操作 2. 能够根据不同果品特性调节储藏库的温度、湿度和气体环境 3. 能够根据果品特性选购保鲜材料和保鲜药剂	1. 果品储藏知识 2. 果品保鲜材料知识
五、技术管理	（一）编制果园周年生产计划	1. 能够调研果品产量、供应期和价格 2. 能够制定当地常见果树的周年生产计划 3. 能够制定农资采购计划	1. 果树周年管理知识 2. 果品市场调研知识

(续)

职业功能	工作内容	技能要求	相关知识
五、技术管理	(二)技术评估	能够评估技术措施应用效果	技术评估相关知识
	(三)种子和苗木鉴定	1. 能够测定砧木种子的纯度 2. 能够鉴定苗木质量和品种的纯度	1. 砧木种子和果树苗木质量等级鉴定知识 2. 果树品种知识
	(四)技术开发	1. 能够撰写新品种、新材料、新技术等的试验方案 2. 能撰写生产技术总结和调查总结	1. 田间试验与统计知识 2. 果树栽培管理知识 3. 果树新品种、新材料、新技术知识
六、培训指导	(一)技术指导	能够对初级、中级、高级工人员进行技术指导	1. 果树栽培知识 2. 技术指导方法
	(二)技术培训	1. 能够编写初级、中级工培训计划 2. 能够编写初级、中级培训讲义 3. 能够培训初级、中级工	1. 专项培训讲义编写方法 2. 培训材料的编写方法

3.5　高级技师

职业功能	工作内容	技能要求	相关知识
一、果园管理	(一)病、虫害防治	1. 能够识别当地果树生理病害 2. 能够识别当地果树病害和害虫各30种	1. 果树营养诊断知识 2. 果树病、虫害综合防治知识

（续）

职业功能	工作内容	技能要求	相关知识
一、果园管理	（二）肥、水管理	能够根据果园实际情况制定施肥和节水灌溉方案	1. 节水灌溉知识 2. 果树营养知识
	（三）果树整形修剪	能够制定本地常见果树整形修剪技术方案	果树生长发育与整形修剪知识
二、采后处理	（一）分级和包装	1. 能够制定企业产品分级标准 2. 能够根据产品特性提出包装设计方案	1. 果品分级知识 2. 果品特性 3. 包装方法及包装材料相关知识
	（二）储运和销售	1. 能够根据果品特性和距离选择不同运输方式调运果品 2. 能够根据市场需求确定储藏期、上市时间、包装转运材料、果品价格	1. 果品商品学知识 2. 果品运输知识 3. 消费心理学的相关知识
三、技术管理	（一）技术研究和开发	1. 能够针对生产上的关键技术问题提出攻关课题，开展试验研究和技术攻关 2. 能够针对相关的试验研究写出总结、报告或论文	1. 果树生产技术知识 2. 田间试验与统计知识和科研能力 3. 科技写作知识
	（二）生产形势预测	能够预测果树生产发展趋势，提出当地果树生产的发展方向	1. 果品产销动态知识 2. 果品市场预测知识
四、培训指导	（一）技术指导	1. 能够给高级工和技师进行技能操作示范 2. 能够对高级工和技师进行技术指导	1. 果树栽培知识 2. 技术指导方法

(续)

职业功能	工作内容	技能要求	相关知识
四、培训指导	(二)技术培训	1. 能够制定高级工和技师培训计划 2. 能够编写高级工和技师的培训讲义 3. 能够培训高级工和技师	1. 综合培训计划编制方法 2. 教育心理学的相关知识

4. 比重表

4.1 理论知识

项 目		初级 (%)	中级 (%)	高级 (%)	技师 (%)	高级技师 (%)
基本要求	职业道德	5	5	5	5	5
	基础知识	20	20	15	5	5
相关知识	育苗	15	15	10	5	—
	果树栽植	10	10	5	—	—
	建园设计和建设	—	—	10	15	
	果园管理	40	40	35	20	20
	采后处理	10	10	10	10	10
	技术管理	—	—	10	25	35
	培训指导				15	25
合 计		100	100	100	100	100

4.2 技能操作

项　　目		初级（%）	中级（%）	高级（%）	技师（%）	高级技师（%）
技能要求	树种分类和识别	5	5	5		
	育苗	30	30	20	—	—
	果树栽植	15	10	—	—	—
	建园设计和建设			10	10	15
	果园管理	40	45	45	35	20
	采后处理	10	10	10	10	10
	技术管理	—	—	5	30	35
	培训指导	—	—	5	15	20
合　　计		100	100	100	100	100

果、茶、桑园艺工
（茶园工）
国家职业标准

1　职业概况

1.1　职业名称

茶园工。

1.2　职业定义

从事茶树栽培、园间管理、产品收获、采后处理等生产活动的人员。

1.3　职业等级

本职业共设五个等级，分别为：初级（国家职业资格五级）、中级（国家职业资格四级）、高级（国家职业资格三级）、技师（国家职业资格二级）、高级技师（国家职业资格一级）。

1.4　职业环境

室外，常温。

1.5　职业能力特征

具有一定的学习能力、辨别能力、表达能力、空间感和实际操作能力,手指、手臂灵活,动作协调。

1.6　基本文化程度

初中毕业。

1.7　培训要求

1.7.1　培训期限

全日制职业学校教育期限,根据其培养目标和教学计划确定。晋级培训期限:初级不少于 50 标准学时;中级不少于 70 标准学时;高级不少于 90 标准学时;技师不少于 100 标准学时;高级技师不少于 120 标准学时。

1.7.2　培训教师

培训初级、中级的教师应具有本职业技师及以上职业资格证书或本专业中级及以上专业技术职务任职资格;培训高级、技师的教师应具有本职业高级技师职业资格证书或本专业高级专业技术职务任职资格;培训高级技师的教师应具有本职业高级技师职业资格证书 2 年以上或本专业高级专业技术职务任职资格,并具有 1 年以上直接生产实践经验者。

1.7.3　培训场地设备

满足教学需要的标准教室、教学实施实践基地,具有相关的仪器设备及教学用具。

1.8　鉴定要求

1.8.1　适用对象

从事或准备从事本职业的人员。

1.8.2　申报条件

——初级(具备以下条件之一者):

(1)经本职业初级正规培训达规定标准学时数,并取得结业证书。

(2)在本职业连续工作3年以上。

——中级(具备以下条件之一者):

(1)取得本职业初级职业资格证书后,连续从事本职工作2年以上,经本职业中级正规培训达规定标准学时数,并取得结业证书。

(2)取得本职业初级职业资格证书后,连续从事本职业工作4年以上。

(3)连续从事本职业工作5年以上。

(4)取得经劳动保障行政部门审核认定的,以中级技能为培养目标的中等以上职业学校本职业(专业)毕业证书。

——高级(具备以下条件之一者):

(1)取得本职业中级职业资格证书后,连续从事本职业工作2年以上,经本职业高级正规培训达规定标准学时数,并取得结业证书。

(2)取得本职业中级职业资格证书后,连续从事本职业工作4年以上。

(3)大专本专业毕业生或相关专业毕业生,连续从事本职业工作2年以上。

——技师(具备以下条件之一者):

(1)取得本职业高级职业资格证书后,连续从事本职工作 3 年以上,经本职业技师正规培训达规定标准学时数,并取得结业证书。

(2)取得本职业高级职业资格证书后,连续从事本职业工作 5 年以上。

(3)大专本专业或相关专业毕业生,取得本职业高级职业资格证书后,连续从事本职业工作 2 年以上。

(4)大学本科本专业或相关专业毕业生,连续从事本职业工作 2 年以上。

——高级技师(具备以下条件之一者):

(1)取得本职业技师职业资格证书后,连续从事本职业工作 3 年以上,经本职业高级技师正规培训达规定标准学时数,并取得结业证书。

(2)取得本职业技师职业资格证书后,连续从事本职业工作 5 年以上。

1.8.3　鉴定方式

分为理论知识考试和技能操作考核。理论知识考试采用闭卷笔试方式,技能操作考核采用现场实际操作方式。理论知识考试和技能操作考核均实行百分制,成绩皆达 60 分及以上者为合格。技师、高级技师还须进行综合评审。

1.8.4　考核人员与考生配比

理论知识考试考评人员与考生配比为 1∶15,每个标准教室不少于 2 名考评人员;技能操作考核考评员与考生配比为 1∶5,且不少于 3 名考评员。综合评审委员不少于 5 人。

1.8.5　鉴定时间

理论知识考试时间不少于 90 分钟,技能操作考核时间不少于 60 分钟。综合评审时间不少于 30 分钟。

1.8.6 鉴定场所及设备

理论知识考试在标准教室进行,技能操作考核在具有必要设备的教学实施实践基地及园间现场进行。

2 基 本 要 求

2.1 职业道德

2.1.1 职业道德基本知识

2.1.2 职业守则

(1)遵纪守法,诚信为本。

(2)爱岗敬业,认真负责。

(3)勤奋努力,精益求精。

(4)热情主动,团结合作。

(5)勇于创新,开拓进取。

2.2 基础知识

2.2.1 专业知识

(1)农业机械、器具常识。

(2)土壤和肥料基础知识。

(3)农业气象常识。

(4)茶树栽培知识。

(5)茶树病、虫、草害知识,防治基础知识。

(6)农药基础知识。

(7)茶叶采后处理基础知识。

(8)茶树生理生化知识。

(9)茶园田间试验方法。

(10)茶树遗传与育种知识。

(11)农业生态基础知识。

2.2.2　安全知识

(1)安全使用农业机械、器具知识。

(2)安全使用肥料知识。

(3)安全用电知识。

(4)安全使用农药知识。

2.2.3　相关法律、法规知识

(1)《中华人民共和国农业法》的相关知识。

(2)《中华人民共和国农业技术推广法》的相关知识。

(3)《中华人民共和国劳动法》的相关知识。

(4)《中华人民共和国合同法》的相关知识。

(5)国家和行业茶叶产地环境条件、产品质量标准,以及生产技术规程。

(6)《中华人民共和国农药管理条例》的相关知识。

3　工作要求

本标准对初级、中级、高级的技能要求依次递进,高级别涵盖低级别的要求。

3.1 初级

职业功能	工作内容	技能要求	相关知识
一、短穗扦插	(一)苗床的准备	能准备床土与制作苗床	1. 苗床制作知识 2. 茶苗对环境的要求
	(二)剪取短穗	能剪取短穗	短穗扦插基本知识
	(三)扦插	能掌握扦插的密度、深度和季节	短穗生根成苗知识
	(四)插后管理	1. 能搭荫棚 2. 能喷水保湿 3. 能适时施肥 4. 能防治病、虫害	1. 茶苗生长发育知识 2. 茶苗营养生理知识 3. 茶苗病、虫害防治知识
二、茶籽留种	(一)留种园茶叶采摘	能做好母株春夏秋茶的采摘	茶叶采摘与留养知识
	(二)留种园的田间管理	1. 能适时增施磷、钾肥 2. 能进行留种园的中耕与覆草 3. 能防治茶籽病、虫害	1. 茶树生理知识 2. 茶树留种园田间管理知识
	(三)茶籽采收	1. 能适期采收 2. 能摊晒茶果脱壳	茶籽生理知识
	(四)茶籽储运	1. 能控制储运中的温、湿度 2. 能选择适当盛器具	
三、茶苗移栽	(一)移栽前的园地准备	1. 能深耕与平整园地 2. 能开种植沟 3. 能施足栽前基肥	耕作与施肥知识
	(二)起苗	1. 能做到多带土、少伤根起苗 2. 能选择标准壮苗	1. 茶苗根系生长发育知识 2. 茶苗检验知识

（续）

职业功能	工作内容	技能要求	相关知识
三、茶苗移栽	（三）移栽	1. 能掌握种植密度与深度 2. 能浇好定根水并覆松土 3. 能栽后进行第一次整形修剪 4. 能在根际覆草保湿	茶苗种植知识
四、茶籽直播	（一）播前的茶园准备	能初耕、复耕、施基肥	茶树繁殖知识
	（二）茶籽选择	能选择饱满无病、虫的国标茶籽	
	（三）茶籽处理	能对茶籽进行播前处理	
	（四）合理密植	能掌握不同品种的播种密度	
五、茶园管理	（一）土壤耕作	能进行茶园深耕与浅耕	深耕与浅耕对土壤的作用
	（二）茶园覆草	能进行茶园覆草	覆草对茶园的作用
	（三）茶园施肥	1. 能施基肥 2. 能施追肥 3. 能进行叶面施肥	1. 茶树施肥知识 2. 茶树营养生理知识 3. 茶叶面吸收营养知识 4. 茶树对肥料的要求
	（四）茶树修剪	1. 能对幼龄茶树进行定型修剪 2. 能对成龄茶树进行轻修剪 3. 能对未老先衰茶树进行深修剪 4. 能对老茶树进行重修剪或台刈	1. 茶芽萌发与修剪关系 2. 茶树修剪知识 3. 茶树修剪与复壮知识

（续）

职业功能	工作内容	技能要求	相关知识
五、茶园管理	(五)茶叶采摘	1. 能进行不同茶季的采摘 2. 能对不同树龄、不同茶季适当留叶	1. 茶芽生长发育知识 2. 茶叶采摘知识
	(六)茶叶采集与储存	1. 能将鲜叶迅速运到茶厂 2. 能对鲜叶进行分级 3. 能根据鲜叶不同质量分别摊放、萎凋	1. 茶鲜叶分级知识 2. 鲜叶质量与制茶质量关系
	(七)茶树病、虫防治	能对茶树的主要病、虫害进行有效防治	1. 茶树病、虫害防治知识 2. 国家规定允许使用的农药的种类 3. 安全隔离期知识

3.2　中级

职业功能	工作内容	技能要求	相关知识
一、短穗扦插	(一)母株选择与培育	能选择优良母株并进行肥培管理	1. 良种母株的鉴别知识 2. 母株的管理知识
	(二)苗圃场地准备	能选择苗圃地址	1. 苗圃地址的基本要求 2. 床土基本知识 3. 茶苗的适生环境
二、茶籽留种	(一)留种园的选择	能根据良种特性和当地农业条件选定繁殖良种,选择优质茶园作留种园	1. 茶树良种知识 2. 茶树生态知识
	(二)留种园的田间管理	能按 N∶P∶K 的一定比例施肥	1. 茶园田间管理知识 2. 茶籽生理知识

（续）

职业功能	工作内容	技能要求	相关知识
二、茶籽留种	(三)采收茶籽	能保持茶籽含水量30%左右	茶籽生理知识
三、茶苗移栽	(一)适时移栽	能按不同季节进行移栽	茶树适生条件
	(二)起苗	1. 能做好起苗前的准备工作 2. 能对就地苗木随起苗、随移栽 3. 能对外运茶苗保鲜养护	1. 茶树根系生长发育知识 2. 茶苗生长知识
	(三)移栽	1. 能选择适宜天气移栽 2. 能按预定株行距移栽，保持根系舒展	1. 茶苗的生理知识 2. 茶苗的田间管理知识
四、茶园管理	(一)茶园行间种植绿肥	1. 能选择合适的绿肥品种 2. 能适时刈割深埋	1. 覆草对茶园生态条件的影响 2. 有机质对土壤的作用
	(二)茶园施肥	1. 茶园肥料的选择 2. 能按茶树营养特性计算N、P、K比例	1. 茶树吸肥规律 2. 茶树的营养生理 3. 茶树的施肥知识
	(三)茶叶采摘	能确定开采期与封园期	1. 茶类品质与嫩度的关系 2. 茶树储藏营养知识
	(四)茶叶机采	1. 能掌握机采技术 2. 能掌握机械采摘茶树的条件及相应的栽培措施	1. 茶叶机采特性 2. 各种采茶机性能
	(五)茶叶采集与储运	1. 能根据茶叶不同品种、嫩度、匀净度、新鲜度分级称重摊放萎凋 2. 能防止鲜叶发热变质	1. 茶叶分级知识 2. 鲜叶质量与干茶质量的知识

(续)

职业功能	工作内容	技能要求	相关知识
四、茶园管理	(六)茶树病、虫害防治	1. 能检测茶树虫口密度与发育进程,决定喷药时期 2. 能因虫选择国家允许的农药种类、浓度及采摘的隔离期 3. 能识别茶树的主要病虫害	1. 害虫识别知识 2. 化学农药特性知识 3. 化学农药配比与使用知识 4. 病害识别知识

3.3 高级

职业功能	工作内容	技能要求	相关知识
一、短穗扦插	(一)母株选择与培育	1. 能根据栽培条件选择优良品种的健壮母株 2. 能制订母本园管理的技术要求	茶树良种繁育知识
	(二)苗床制作	能确定好床土的适当含水量,能进行实地示范	茶树良种繁育技术
	(三)剪穗与扦插	1. 能指导中初级人员适时剪取插穗 2. 能指导中初级人员进行扦插	短穗发根原理
	(四)插后管理	能指导中初级人员插后管理	短穗发根发芽知识
二、茶苗移栽	制订茶苗移栽技术指导书和实地操作	1. 能指导中初级人员进行移栽前园地耕作与施肥,合理起苗移栽 2. 能对起苗、茶苗移栽技术进行示范 3. 能选择配制促进发根溶液蘸根	茶树育苗知识

（续）

职业功能	工作内容	技能要求	相关知识
三、茶园管理	（一）茶园耕作与覆草	能制订技术措施和实地示范	土壤与耕作知识
	（二）茶园施肥	能制订茶园施肥计划	1. 茶树营养生理与施肥知识 2. 土壤肥料学知识
	（三）茶树修剪	能制订茶树修剪计划并能进行实地示范	1. 茶树修剪生理特性 2. 茶树生长发育生理知识
	（四）茶叶采摘	能制订茶叶采摘计划并能实地示范	茶叶采摘知识
	（五）茶树病、虫害防治	能制订茶园主要病、虫害防治计划，并能实地示范	1. 茶树害虫知识 2. 茶树病理知识 3. 农药知识
	（六）有机肥无害化处理	1. 能对有机肥进行无害化处理 2. 能对无害化处理的有机肥进行腐熟程度测定	1. 发酵化学知识 2. 有机肥料知识
	（七）茶树防冻	1. 能进行茶树防冻 2. 能对冻害茶园及时补救	1. 茶树水分生理 2. 茶树冻害及预防知识
四、老茶园改造与更新	（一）台刈	能对老茶园进行台刈	茶树生长发育知识
	（二）重新培养树冠	能对台刈后的茶树的树冠进行培养	茶树修剪知识
	（三）茶园改土施肥	能在台刈前一年秋季深耕增施有机肥	老茶园更新知识
	（四）嫁接法改良茶树品种	能利用台刈后的树桩作砧木，将良种接穗嫁接在砧木上，并进行护理	1. 茶树生理知识 2. 嫁接知识

（续）

职业功能	工作内容	技能要求	相关知识
五、低产茶园改造	(一)茶园改土	能对低产茶园土质进行改良	茶树适宜的土壤环境
	(二)移棵补缺	能改稀丛为密丛	低产茶园成因及改良知识
	(三)增加茶丛密度	能改丛植为条植	
六、设施栽培	(一)塑料大棚的建造	能设计与建造塑料大棚	棚址选择与大棚结构知识
	(二)大棚茶园的管理	1. 能进行大棚茶园的施肥 2. 能进行大棚茶园灌溉及行间除草 3. 能进行大棚茶园的修剪与采摘	茶树的生理生态知识
	(三)大棚茶园内环境调控	1. 能修补破损大棚 2. 能清除棚顶上的冰雪、积水 3. 能补充棚内 CO_2 4. 能控制温、湿度	1. 茶树对光照、湿度、温度的要求 2. 茶树光合作用知识 3. 设施环境特点与调控
	(四)茶园灌溉技术	1. 能设计和安装茶园灌溉设施 2. 能实施喷灌、滴灌技术	1. 茶树对水分需求知识 2. 土壤水分知识

3.4　技师

职业功能	工作内容	技能要求	相关知识
一、茶园管理	（一）茶园施肥	能取土分析茶园主要营养成分，并提出施肥方案	土壤学与肥料学知识
	（二）茶树修剪	能够实地指导高级人员进行茶树修剪	茶树生长发育知识
	（三）病、虫害防治	能预测茶树主要病、虫害发生情况并提出有效防治措施	1. 茶树病、虫知识 2. 农药知识
二、低产茶园改造	（一）低产原因分析	能实地分析低产的原因及类型	1. 茶树生态学知识 2. 茶树高产栽培知识
	（二）低产茶园改良措施	能因地制宜制订低产茶园改良计划	
三、新茶园规划与建立	（一）选择园址	能根据茶树对环境条件的要求选择种植园址	茶树生态知识
	（二）规划设计	1. 能设置园内路网 2. 能设立园区周边隔离带、防护林、行道树、遮阴树 3. 能设计灌溉、排水、蓄水系统 4. 能根据坡度进行水平种植和等高开垦	新茶园的建立与勘察设计知识
	（三）选择良种	选择适应当地条件优质高效品种	茶树良种知识
四、技术管理	（一）编制生产计划	1. 能够安排茶树生产管理计划 2. 能制订"农资"采购计划	1. 茶叶生产知识 2."农资"知识
	（二）技术评估	能评估技术措施应用效果，对存在的问题提出改进方案	技术评估方法

(续)

职业功能	工作内容	技能要求	相关知识
四、技术管理	(三)技术开发	1. 能针对生产中存在的问题提出攻关课题,并开展试验研究 2. 有计划地引进推广新品种、新技术	园间试验设计与统计知识
五、培训指导	(一)技术培训	1. 能制定初级、中级、高级人员培训计划 2. 能编写初级、中级、高级人员培训资料,准备实验用材和现场 3. 能给初级、中级、高级人员授课、实验示范	1. 培训计划编制方法 2. 讲稿编写方法 3. 授课、实验、培训方法
	(二)技术指导	能指导初级、中级、高级人员进行茶树栽培和营养诊断	茶树栽培与生理生化知识

3.5 高级技师

职业功能	工作内容	技能要求	相关知识
一、生理性病害的田间诊断	(一)生理性病害诊断	能识别各种生理性病害	茶树营养生理知识
	(二)生理性病害防治	能对各种生理性病害提出防治措施	

（续）

职业功能	工作内容	技能要求	相关知识
二、茶园管理	（一）田间营养诊断	能根据茶叶生长势态推断营养元素缺失状况,并提出解决方案	茶树生理知识
	（二）茶树品种改良	能对引入品种进行驯化观察,并对现有品种进行改良	茶种改良与繁育
	（三）茶树优质丰产栽培	能编制优质高产栽培技术试验方案,并组织实施	茶树栽培学知识
	（四）老茶园的更新与低产园的改造	能编制老茶园的更新与低产茶园的改造计划	低产茶园成因及改良
三、无公害茶、绿色食品茶、有机茶的栽培	（一）茶园选址	能根据有关标准对环境条件的要求合理选择园址及规划设计	1. 无公害茶、绿色食品茶、有机茶的相关标准 2. 茶树栽培与生理知识 3. 茶树良种知识 4. 有关体系认证知识
	（二）选择良种	能根据茶类要求选择良种茶进行种植,并进行合理搭配	
	（三）茶园管理	能根据有关标准合理进行茶园管理	
	（四）无害化施肥	能根据有关标准对茶树进行无害化施肥	
	（五）茶园病、虫、草害的控制	能根据有关标准和防治理念正确对茶树病害、虫害、草害进行农业防治、生物防治、物理防治及无公害农药防治	
	（六）生产体系认证	能根据标准和程序做好认证工作	

（续）

职业功能	工作内容	技能要求	相关知识
四、生态茶园建设	(一)生物种群选择,建立茶园生物多样性	能建立茶园生物多样性的技术方案	1. 农业生态学知识 2. 植物学知识 3. 动物学知识 4. 农业微生物学知识
	(二)生草栽培	能提出茶园生草栽培方案	
五、技术管理	(一)编制计划	能制订优质特需茶的开发计划	名茶知识
	(二)技术创新	1. 能对现有品种进行改良 2. 能总结茶树优质高产高效益的栽培技术 3. 能应用新技术解决生产中的关键问题	1. 茶树良种知识 2. 茶树优质高产栽培知识 3. 最新技术动态
六、培训指导	(一)编制培训计划	1. 能编制高级人员和技师的培训计划 2. 能编写培训资料 3. 能进行理论讲解及实地示范操作	1. 茶树栽培学 2. 教育学、心理学基本知识
	(二)技术考核	能组织实施各类人员的技术考核	茶树栽培、育种、生理、生化与病虫防治知识

4　比　重　表

4.1　理论知识

项　　　目		初级 (%)	中级 (%)	高级 (%)	技师 (%)	高级技师 (%)
基本 要求	职业道德	5	5	5	5	5
	基础知识	10	10	10	10	10
相关 知识	短穗扦插	10	10	5	—	—
	茶籽留种	5	10	—	—	—
	生理病害的田间诊断	—	—	—	—	5
	茶苗移栽	10	10	5	—	—
	茶籽直播	10	—	—	—	—
	茶园管理	50	55	35	25	20
	老茶园改造和更新	—	—	20	10	—
	低产茶园改造	—	—	—	—	—
	新茶园的规划与建立	—	—	—	20	—
	设施栽培	—	—	20	—	—
	无公害茶、绿色食品茶、有机茶 的栽培	—	—	—	—	20
	生态茶园建设	—	—	—	—	5
	技术管理	—	—	—	15	15
	培训指导	—	—	—	15	20
合　　　计		100	100	100	100	100

4.2 技能操作

项 目		初级 (%)	中级 (%)	高级 (%)	技师 (%)	高级技师 (%)
技能 要求	短穗扦插	15	15	5	—	—
	茶籽留种	10	10	—	—	—
	生理病害的田间诊断	—	—	—	—	5
	茶苗移栽	15	15	10		
	茶籽直播	10				
	茶园管理	50	60	45	30	30
	老茶园改造和更新	—	—	20	10	—
	低产茶园改造	—	—			
	新茶园的规划与建立	—	—	—	30	—
	设施栽培	—	—	20	—	
	无公害茶、绿色食品茶、有机茶 的栽培					25
	生态茶园建设	—	—	—	—	5
	技术管理				15	15
	培训指导	—	—	—	15	20
合 计		100	100	100	100	100

菌类园艺工
国家职业标准

1 职业概况

1.1 职业名称

菌类园艺工。

1.2 职业定义

从事食、药用菌等菌类的菌种培养、保藏,栽培场所的建造、培养料的准备及菌类的栽培管理、采收、加工、储藏的人员。

1.3 职业等级

本职业共设四个等级,分别为:初级(国家职业资格五级)、中级(国家职业资格四级)、高级(国家职业资格三级)、技师(国家职业资格二级)。

1.4 职业环境

室内外、常温。

1.5 职业能力特征

手指、手臂灵活,色、味、嗅等感官灵敏,动作协调性强,有一定的计算和表达能力。

1.6 基本文化程度

初中毕业。

1.7 培训要求

1.7.1 培训期限

全日制职业学校教育,根据其培养目标和教学计划确定。晋级培训期限:初级不少于 500 标准学时;中级不少于 400 标准学时;高级不少于 350 标准学时;技师不少于 300 标准学时。

1.7.2 培训教师

培训初级、中级人员的教师必须取得本职业高级以上职业资格证书;培训高级人员、技师的教师必须具备相关专业讲师以上专业技术职称,或取得技师职业资格证书 2 年以上,并具有丰富的实践经验。

1.7.3 培训场地设备

满足教学需要的标准教室、实验室、菌种生产车间、栽培试验场、产品加工车间。设备、设施齐全,布局合理,符合国家安全、卫生标准。

1.8 鉴定要求

1.8.1 适用对象

从事或准备从事本职业的人员。

1.8.2 申报条件

——初级(具备以下条件之一者):

（1）经本职业初级正规培训达规定标准学时数，并取得毕（结）业证书。

（2）在本职业连续见习工作2年以上。

（3）本职业学徒期满。

——中级（具备以下条件之一者）：

（1）取得本职业初级职业资格证书后，连续从事本职业工作3年以上，经本职业中级正规培训达规定标准学时数，并取得毕（结）业证书。

（2）取得本职业初级职业资格证书后，连续从事本职业工作5年以上。

（3）在本职业连续工作7年以上。

（4）取得经劳动保障行政部门审核认定的，以中级技能为培养目标的中等以上职业学校本职业毕业证书。

——高级（具备以下条件之一者）：

（1）取得本职业中级职业资格证书后，连续从事本职业工作3年以上，经本职业高级正规培训达规定标准学时数，并取得毕（结）业证书。

（2）取得本职业中级职业资格证书后，连续从事本职业工作5年以上。

（3）取得高级技工学校或经劳动保障行政部门审核认定的，以高级技能为培养目标的高等职业学校本职业毕业证书。

——技师（具备以下条件之一者）：

（1）取得本职业高级职业资格证书后，连续从事本职业工作4年以上，经本职业技师正规培训达规定标准学时数，并取得毕（结）业证书。

（2）取得本职业高级职业资格证书后，连续从事本职业工作

5 年以上。

(3)高级技工学校本职业毕业生,连续从事本职业工作 2 年以上。

1.8.3 鉴定方式

分为理论知识考试(笔试)和技能操作考核。理论知识考试采用闭卷笔试方式,满分为 100 分,60 分及以上者为合格;理论知识考试合格者参加技能操作考核。技能操作考核采用现场实际操作方式进行,技能操作考核分项打分,满分为 100 分,60 分及以上者为合格。技师鉴定还须通过综合评审。

1.8.4 考评人员与考生配比

理论知识考试考评员与考生的比例为 1∶15;技能操作考核考评员与考生的比例为 1∶5。

1.8.5 鉴定时间

理论知识考试时间为 120 分钟。技能操作考核时间(累计)240 分钟。

1.8.6 鉴定场所、设备

理论知识考试在标准教室里进行。技能操作考核在食、药用菌制种、栽培、产后加工场所进行,设备、设施齐全,场地符合安全、卫生标准。

2 基 本 要 求

2.1 职业道德

2.1.1 职业道德基本知识

2.1.2 职业守则

(1)热爱本职,忠于职守。

(2)遵纪守法,廉洁奉公。

(3)刻苦学习,钻研业务。

(4)礼貌待人,热情服务。

(5)谦虚谨慎,团结协作。

2.2　基础知识

2.2.1　基本理论知识

2.2.1.1　微生物学基础知识

(1)微生物的概念与微生物类群。

(2)微生物的分类知识。

(3)细菌、酵母菌、霉菌、放线菌的生长特点与规律。

(4)消毒、灭菌、无菌知识。

(5)微生物的生理。

2.2.1.2　食、药用菌基础知识

(1)食、药用菌的概念、形态和结构。

(2)食、药用菌的分类。

(3)常见食、药用菌的生物学特性。

(4)食、药用菌的生活史。

(5)食、药用菌的生理。

(6)食、药用菌的主要栽培方式。

2.2.2　有关法律基础知识

(1)《中华人民共和国种子法》;

(2)《中华人民共和国森林法》;

(3)《中华人民共和国环境保护法》;

(4)《全国食用菌菌种暂行管理办法(食用菌标准汇编)》;

(5)《中华人民共和国食品卫生法》;

(6)《中华人民共和国劳动法》。

2.2.3　食、药用菌业成本核算知识

(1)食、药用菌的成本概念;

(2)食、药用菌干、鲜品的成本计算;

(3)食、药用菌加工产品的成本计算。

2.2.4　安全生产知识

(1)实验室、菌种生产车间、栽培试验场、产品加工车间的安全操作知识;

(2)安全用电知识;

(3)防火、防爆安全知识;

(4)手动工具与机械设备的安全使用知识;

(5)化学药品的安全使用、储藏知识。

3　工作要求

本标准对初级、中级、高级、技师的技能要求依次递进,高级别包括低级别的要求。

3.1　初级

职业功能	工作内容	技能要求	相关知识
一、食、药用菌菌种制作	(一)混合料、原种、栽培种的制作与培养	1. 能进行混合料配制 2. 能进行原种、栽培种的制作与培养 3. 能识别一种食、药用菌的正常原种、栽培种	制作混合料、原种、栽培种的程序与技术要求

（续）

职业功能	工作内容	技能要求	相关知识
一、食、药用菌菌种制作	（二）菌种转接	1. 能进行空间、器皿、接种工具的消毒、灭菌 2. 能进行手的消毒 3. 能使用接种工具 4. 能进行转接操作	1. 消毒、灭菌的方法与技术要求 2. 接种的技术要求与正确的操作方法
	（三）原种、栽培种短期储藏	1. 能选择原种、栽培种短期储藏方法 2. 能实施原种、栽培种储藏	原种、栽培种的储藏要求与方法
二、食、药用菌栽培	（一）栽培食、药用菌棚室的建造、维修与管理	1. 能搭建食、药用菌简易棚室 2. 能进行食、药用菌简易棚室的维护	1. 食、药用菌栽培棚室搭建的原则与要求 2. 食、药用菌栽培棚室的维护与管理知识
	（二）栽培食、药用菌培养料的粉碎、配制、装袋、上床	1. 能粉碎、配制栽培原料 2. 能进行培养料的装袋、上床、播种操作 3. 能调试使用粉碎机、拌料机、装袋机	1. 栽培食、药用菌的原料知识 2. 栽培袋的规格与合理使用 3. 培养料装袋、上床、播种操作知识 4. 粉碎机、拌料机、装袋机的调试与使用方法
	（三）栽培场所环境因素的调控	能调节食、药用菌简易棚室的温度、光照、水分、气体等环境因素	食、药用菌简易棚室环境因素的调节方法
	（四）栽培场所的病虫害防治	能识别侵染食、药用菌的常见病虫害特征	常见食、药用菌病虫害的侵染特征

（续）

职业功能	工作内容	技能要求	相关知识
二、食、药用菌栽培	（五）食、药用菌的栽培管理	1. 能指出一种食、药用菌发菌期、出菇期所需的温度、光照、水分、气体等环境条件 2. 能进行一种食、药用菌发菌期、出菇期的常规栽培管理	1. 平菇（姬菇）、金针菇、双孢菇生长发育的环境条件要求 2. 平菇（姬菇）、金针菇、双孢菇的栽培管理知识
三、食、药用菌产品加工	（一）鲜菇采收	1. 能确定食、药用菌的适时鲜菇采收期 2. 能正确采收 3. 能进行采收后处理	食、药用菌生长的知识
	（二）食、药用菌商品菇盐渍加工	能进行一种食、药用菌商品菇的盐渍加工	食、药用菌盐渍加工的技术要求

3.2　中级

职业功能	工作内容	技能要求	相关知识
一、食、药用菌菌种制作	（一）试管母种制作	1. 能选择培养基配方 2. 能进行试管母种制作与培养 3. 能识别三种食、药用菌正常试管母种	1. 培养基配制原则 2. 制作试管母种的程序与技术要求
	（二）原种、栽培种制作与培养	1. 能选择混合料原种、栽培种配方 2. 能选择消毒、灭菌方法 3. 能进行谷粒菌种制作与培养 4. 能进行木块菌种制作与培养 5. 能识别三种食、药用菌的正常原种、栽培种	1. 制种用原料处理的作用、要求 2. 制作谷粒菌种的程序与技术要求 3. 制作木块菌种的程序与技术要求 4. 食、药用菌菌种质量标准

（续）

职业功能	工作内容	技能要求	相关知识
二、食、药用菌栽培	（一）栽培食、药用菌棚室的建造、维修与管理	1. 能搭建食、药用菌改良型日光温室 2. 能进行食、药用菌改良型日光温室的维修与管理	食、药用菌改良型日光温室的搭建要求
	（二）栽培食、药用菌培养料的配制	能比较选择栽培原料并进行合理配制	培养料配制原则
	（三）栽培场所环境因素调控	能调节食、药用菌改良型日光温室的温度、光照、水分、气体等环境因素	食、药用菌改良型日光温室环境因素的调节方法
	（四）栽培场所的病虫害防治	能进行食、药用菌常见病虫害防治	食、药用菌常见病虫害的种类、发生期与防治
	（五）食、药用菌栽培管理	1. 能指出三种食、药用菌发菌期、出菇期所需的温度、光照、水分、气体等环境条件 2. 能进行三种食、药用菌发菌期、出菇期的常规栽培管理	1. 猴头、鸡腿菇、滑子菇、木耳、灵芝、草菇、银耳生长发育的环境条件要求 2. 猴头、鸡腿菇、滑子菇、木耳、灵芝、草菇、银耳的栽培管理知识
三、食、药用菌产品加工	食、药用菌商品菇干制	1. 能选择食、药用菌商品菇的干制方法 2. 能进行三种食、药用菌商品菇的干制	食、药用菌干制加工的技术要求

3.3　高级

职业功能	工作内容	技能要求	相关知识
一、食、药用菌菌种制作	(一)食、药用菌菌种分离	1. 能选择菌种分离的方法 2. 能进行菌种分离操作	食、药用菌菌种分离方法与技术关键
	(二)食、药用菌菌种保藏	1. 能选择菌种保藏的方法 2. 能实施菌种保藏	食、药用菌菌种保藏原理与方法
二、食、药用菌栽培	(一)栽培食、药用菌棚室的建造、维修与管理	1. 能建造食、药用菌钢架结构日光温室 2. 能进行食、药用菌钢架结构日光温室的维修与管理	食、药用菌钢架结构日光温室的搭建要求
	(二)栽培场所环境因素调控	能调节食、药用菌钢架结构日光温室的温度、光照、水分、气体等环境因素	食、药用菌钢架结构日光温室环境因素的调节方法
	(三)栽培场所的病虫害防治	能进行食、药用菌病虫害的综合防治	食、药用菌病虫害的综合防治知识
	(四)食、药用菌栽培管理	1. 能指出三种以上食、药用菌发菌期、出菇期所需的温度、光照、水分、气体等环境条件 2. 能进行三种以上食、药用菌发菌期、出菇期的常规栽培管理	1. 灰树花、阿魏菇、杏孢菇、姬松茸、茶新菇、大球盖菇、竹荪、真姬菇生长发育的环境条件要求 2. 灰树花、阿魏菇、杏孢菇、姬松茸、茶新菇、大球盖菇、竹荪、真姬菇的栽培管理知识
三、食、药用菌产品加工	(一)食、药用菌保鲜技术	1. 能选择食、药用菌的保鲜方法 2. 能实施三种以上食、药用菌的保鲜	食、药用菌商品菇的保鲜方法与技术要求

3.4　技师

职业功能	工作内容	技能要求	相关知识
一、食、药用菌菌种制作	食、药用菌菌种提纯复壮	1. 能选择污染试管母种的提纯方法 2. 能选择试管母种复壮的方法 3. 能进行试管母种提纯复壮操作	食、药用菌菌种提纯复壮知识
二、食、药用菌场组建与管理	（一）食、药用菌场建造	1. 能提供建造食、药用菌场(菌种厂、栽培场、产品加工厂)的技术方案 2. 能购置食、药用菌场(菌种厂、栽培场、产品加工厂)的必备设备设施	1. 食、药用菌场的建造原则与技术要求 2. 食、药用菌场的必备设备设施
	（二）食、药用菌场技术管理	1. 能制定食、药用菌菌种厂的技术规程 2. 能制定食、药用菌栽培场的技术规程 3. 能制定食、药用菌产品加工厂的技术规程 4. 能提供食、药用菌场各部门技术人员配置方案	1. 制定食、药用菌菌种厂技术规程的要求 2. 制定食、药用菌栽培场技术规程的要求 3. 制定食、药用菌产品加工厂技术规程的要求
三、食、药用菌栽培	（一）食、药用菌栽培	1. 能提供食、药用菌栽培品比试验方案 2. 能提供食、药用菌反季节栽培技术方案 3. 能提供食、药用菌周年栽培技术方案 4. 能提供新种类、珍稀食、药用菌种类推广种植技术方案	1. 食、药用菌栽培品比试验的设计要求 2. 食、药用菌反季节栽培设计要求 3. 食、药用菌周年栽培设计要求 4. 新种类、珍稀食、药用菌种类推广种植设计要求

(续)

职业功能	工作内容	技能要求	相关知识
三、食、药用菌栽培	(二)栽培场所病虫害防治	1. 能对食、药用菌发菌期大面积异常现象进行原因分析 2. 能对食、药用菌出菇期畸形菇发生原因进行分析并尝试救治	食、药用菌病虫害侵染机理与条件
四、培训指导	(一)培训	1. 能参与编写初级、中级、高级工培训教材 2. 能培训初级、中级、高级工	1. 教育学基本知识 2. 心理学基本知识 3. 教学培训方案制定方法
	(二)指导	1. 能指导初级、中级、高级工的日常工作	

4　比重表

4.1　理论知识

项　目		初级(%)	中级(%)	高级(%)	技师(%)
基本要求	1. 职业道德	5	5	5	5
	2. 基础知识	25	20	15	—
相关知识	1. 食、药用菌菌种制作	30	30	30	30
	2. 食、药用菌栽培	30	35	35	35
	3. 食、药用菌产品加工	10	10	10	
	4. 食、药用菌菌场组建与管理	—	—	—	25
	5. 培训、指导	—	—	—	5
合计		100	100	100	100

4.2 技能操作

项　　目		初级 (%)	中级 (%)	高级 (%)	技师 (%)
技能 要求	1. 食、药用菌菌种制作	40	40	40	35
	2. 食、药用菌栽培	45	45	45	35
	3. 食、药用菌产品加工	15	15	15	—
	4. 食、药用菌菌场组建与管理	—	—	—	20
	5. 培训、指导	—	—	—	10
合　计		100	100	100	100

蜜蜂饲养工
国家职业标准

1　职 业 概 况

1.1　职业名称

蜜蜂饲养工。

1.2　职业定义

从事蜜蜂饲养管理、蜂产品采集作业的人员。

1.3　职业等级

本职业共设五个等级，分别为：初级（国家职业资格五级）、中级（国家职业资格四级）、高级（国家职业资格三级）、技师（国家职业资格二级）、高级技师（国家职业资格一级）。

1.4　职业环境

室内、外，常温。

1.5　职业能力特征

视力及色、味辨别能力正常，手脚灵活，动作协调；具有一定的学习、表达、计算能力；具有较强的观察判断能力和实际操作能力。

1.6　基本文化程度

初中毕业。

1.7　培训要求

1.7.1　培训期限

全日制职业学校教育,根据其培养目标和教学计划确定。晋级培训期限:初级不少于 350 标准学时;中级不少于 250 标准学时;高级不少于 150 标准学时;技师不少于 120 标准学时;高级技师不少于 120 标准学时。

1.7.2　培训教师

培训初级、中级、高级的教师应具有本职业技师以上职业资格证书或本专业中级及以上专业技术职务任职资格;培训技师的教师应具有本职业高级技师职业证书或本专业高级以上专业技术任职资格;培训高级技师的教师应具备本职业高级技师资格证书 3 年以上或本专业高级以上专业技术职务任职资格。

1.7.3　培训场地设备

要有满足教学需要的标准教室,具备常规教学用具和设备的实验室和场地;具备 30 群以上的教学蜂群和相应的养蜂用具。

1.8　鉴定要求

1.8.1　适用对象

从事或准备从事本职业的人员。

1.8.2 申报条件

——初级(具备以下条件之一者):

(1)经本职业初级正规培训达规定标准学时数,并取得结业证书。

(2)在本职业连续学徒或见习工作 2 年以上。

——中级(具备以下条件之一者):

(1)取得本职业初级职业资格证书后,连续从事本职业工作 3 年以上,经本职业中级正规培训达规定标准学时,并取得结业证书。

(2)取得本职业初级职业资格证书后,连续从事本职业工作 5 年以上。

(3)连续从事本职业工作 7 年以上。

(4)取得经劳动保障部门审核认定的、以中级技能为培养目标的中等以上职业学校本职业(专业)毕业证书。

——高级(具备以下条件之一者):

(1)取得本职业中级职业资格证书后,连续从事本职业工作 4 年以上,经本职业高级正规培训达规定标准学时数,并取得结业证书。

(2)取得本职业中级职业资格证书后,连续从事本职业 7 年以上。

(3)取得高级技术学校或劳动保障行政部门审核认定的、以高级技能为培养目标的高等职业学校本职业(专业)毕业证书。

(4)大专以上本专业毕业生,取得本职业中级职业资格证书后,连续从事本职业 2 年以上。

——技师(具备以下条件之一者):

（1）取得本职业高级职业资格证书后，连续从事本职业 5 年以上，经本职业技师正规培训达规定标准学时数，并取得结业证书。

（2）取得本职业高级职业资格证书后，连续从事本职业 7 年以上。

（3）大专以上本专业毕业生，取得本职业高级职业资格证书后，连续从事本职业工作 2 年以上。

——高级技师（具备以下条件之一者）：

（1）取得本职业技师职业资格证书后，连续从事本职业工作 3 年以上，经本职业高级技师正规培训达标准学时数，并取得结业证书。

（2）取得本职业技师职业资格证书后，连续从事本职业工作 5 年以上。

1.8.3　鉴定方式

分为理论知识考试和技能操作考核。理论知识考试采用闭卷笔试方式，技能操作考核采用现场实际操作方式。理论知识考试和技能操作考核均实行百分制，成绩皆达 60 分及以上者为合格。技师、高级技师还必须进行综合评审。

1.8.4　考评人员与考生配比

理论知识考试考评人员与考生配比为 1∶15。每个标准教室不少于 2 名考评人员；技能操作考核考评员与考生配比为 1∶5，且不少于 3 名考评员。综合评审委员不少于 5 人。

1.8.5　鉴定时间

理论知识考试时间为 90 分钟；技能操作考核不少于 45 分钟，技师、高级技师不少于 60 分钟。综合评审不少于 45 分钟。

1.8.6　鉴定场所

理论知识考试在标准教室进行；技能操作考核在工作现场进行，并配备符合相应等级考核的蜂群、设备、仪器和工具等。

2　基本要求

2.1　职业道德

2.1.1　职业道德基本知识

2.1.2　职业守则

(1)遵纪守法，廉洁奉公。

(2)爱岗敬业，吃苦耐劳。

(3)爱护环境，保护生态。

(4)尊重科学，注重质量。

(5)诚实守信，服务社会。

2.2　基础知识

2.2.1　专业基础知识

(1)蜜蜂生物学基础知识。

(2)蜜蜂饲养管理及蜂具基础知识。

(3)蜂产品基础知识。

(4)蜜蜂病虫害基础知识。

(5)蜜蜂遗传育种基础知识。

(6)蜜源植物及蜜蜂授粉基础知识。

(7)农业气象基础常识。

2.2.2　相关法律、法规知识

(1)《中华人民共和国劳动法》的相关知识。

(2)《中华人民共和国动植物检疫法》的相关知识。

(3)农业部《养蜂管理暂行规定》的相关知识。

(4)蜂产品国家或行业质量标准的相关知识。

(5)蜂产品标准化生产技术标准的相关知识。

3　工作要求

本标准对初级、中级、高级、技师和高级技师的技能要求依次递进,高级别涵盖低级别的要求。

3.1　初级

职业功能	工作内容	技能要求	相关知识
一、饲养管理	(一)蜂群管理	1. 能区别东方蜜蜂和西方蜜蜂 2. 能区别三型蜂 3. 能开箱检查蜂群 4. 能够准备饲养蜜蜂所需的工具 5. 能进行蜂群的定群 6. 能进行蜂群饲喂	1. 东方蜜蜂和西方蜜蜂形态学知识 2. 蜜蜂三型蜂的形态差别 3. 开箱检查知识 4. 蜜蜂定群知识 5. 蜜蜂饲喂方法知识
	(二)蜂群迁移	1. 能进行蜂群迁移前的包装 2. 能在运输工具上装、卸蜂群 3. 能根据场地摆放蜂群	1. 蜂箱结构知识 2. 蜂群的包装知识 3. 蜂群摆放要求
	(三)器具的保养与维修	1. 能保养常见饲养工具 2. 能装钉巢框、浆框	1. 蜜蜂饲养所需工具基本知识 2. 巢框、浆框规格知识

（续）

职业功能	工作内容	技能要求	相关知识
二、育种	(一)育种器具的准备	1. 能准备培育蜂王的器具 2. 能组装育王框	1. 育王用具的知识 2. 育王框的规格
	(二)蜂王培育	1. 能进行种用幼虫的准备 2. 能固定、清理王台基	1. 蜜蜂幼虫发育知识 2. 自然王台产生知识
	(三)雄蜂培育	1. 能进行雄蜂群的饲喂 2. 能识别雄蜂脾	1. 蜂群产生雄蜂知识 2. 雄蜂巢脾知识
	(四)交尾群组织	1. 能进行交尾群用具的准备 2. 能根据场地摆放交尾群	1. 交尾群特殊巢脾的规格 2. 交尾群摆放知识
三、蜂产品采集	(一)蜂蜜生产	1. 能进行采蜜器具的准备 2. 能离心分离蜂蜜	1. 蜂蜜分离器具知识 2. 蜂蜜分离操作知识
	(二)蜂王浆生产	1. 能选择适龄产浆幼虫 2. 移虫、取浆	1. 蜜蜂幼虫形态知识 2. 移虫取浆方法
	(三)蜂花粉生产	1. 能进行蜂群脱粉器具的准备 2. 能安装脱粉器	1. 脱粉器的种类、规格 2. 巢门脱粉器的安装方法
四、病虫害防治	(一)预防	1. 能进行蜂场的清洁卫生工作 2. 能进行蜂场环境的消毒工作	1. 蜂场消毒药剂 2. 蜂场消毒方法
	(二)治疗	按指定药剂、方法进行蜜蜂病虫害防治	蜂群内施药方法

3.2 中级

职业功能	工作内容	技能要求	相关知识
一、饲养管理	(一)蜂群管理	1. 能够进行蜂群箱外观察 2. 能够进行蜂群的调整 3. 能够控制蜂群产生分蜂热,处理自然分蜂 4. 能防止盗蜂 5. 能进行产卵蜂王的诱入与更换蜂王 6. 能根据蜂群需要进行蜂群温度调节 7. 能根据蜂群发展修造巢脾	1. 箱外观察知识 2. 蜜蜂群味知识 3. 蜜蜂分蜂知识 4. 蜜蜂群体控温与个体临界温度知识 5. 蜜蜂泌蜡造脾知识
	(二)蜂群迁移	1. 能进行蜂群近距离搬迁 2. 能进行蜂群远距离搬运	1. 蜜蜂认巢习性 2. 蜂箱在各种运输工具上的装叠方法
	(三)器具的保养与维修	1. 能进行巢脾熏蒸保管 2. 能装钉、维修蜂箱	1. 巢脾熏蒸知识 2. 标准蜂箱的规格
二、育种	(一)育种器具的准备	1. 能制作王台基 2. 能进行复式移虫育王	1. 王台基的规格 2. 复式移虫方法
	(二)蜂王培育	1. 能管理育王蜂群 2. 能培育蜂王	1. 蜂王发育知识 2. 蜂群育王知识
	(三)雄蜂培育	能管理哺育雄蜂群	1. 雄蜂发育知识 2. 蜂群哺育雄蜂知识
	(四)交尾群组织	1. 能进行交尾群的组织 2. 能诱入王台 3. 能管理交尾群	1. 组织交尾群的方法 2. 蜜蜂交配知识

(续)

职业功能	工作内容	技能要求	相关知识
三、蜂产品采集	(一)蜂蜜生产	1. 能组织蜜蜂双箱体采蜜 2. 能管理采蜜蜂群	1. 蜜蜂采集花蜜习性 2. 蜜蜂贮蜜习性
	(二)蜂王浆生产	1. 能组织产浆群 2. 能管理产浆群	1. 工蜂泌浆生物学知识 2. 王台内王浆量的变化规律
	(三)蜂花粉生产	1. 能收集花粉 2. 能确定花粉干燥方法	1. 蜜蜂采粉生物学知识 2. 花粉干燥知识
	(四)蜂胶生产	1. 能安装采胶器具 2. 能收集蜂胶	蜜蜂在蜂箱内的集胶习性
	(五)其他蜂产品生产	1. 蜂蜡采集、化蜡 2. 蜂王幼虫收集、保存	1. 蜂蜡的物理性状知识 2. 蜂王幼虫保存知识
四、病虫害防治	(一)预防	1. 能进行蜂具清洁卫生与消毒工作 2. 能确定消毒药剂和消毒方法	1. 常用无公害消毒药剂种类 2. 消毒药剂的使用知识 3. 蜂场常用的蜂具物理消毒知识
	(二)诊断	1. 能识别常见幼虫病 2. 能识别大蜂螨、小蜂螨	1. 常见幼虫病知识 2. 大蜂螨、小蜂螨形态和为害状
	(三)治疗	1. 能确定治疗常见幼虫病的药剂及使用方法 2. 能确定杀螨药剂及使用方法	蜂群常用药物知识

3.3 高级

职业功能	工作内容	技能要求	相关知识
一、饲养管理	(一)蜂群管理	1. 能配制人工饲料 2. 能处理围王蜂群 3. 能进行蜂群合并 4. 能防止蜂群偏集 5. 能进行种王介绍 6. 能修造特定巢脾 7. 能管理育王蜂群	1. 蜜蜂营养基础知识 2. 蜂群内蜜蜂信息交流知识 3. 蜜蜂修造特殊巢脾知识 4. 育王蜂群管理知识
	(二)蜂群迁移	1. 能管理运输途中的蜂群 2. 能感官判定蜜源分布区域的环境质量	1. 蜂群运输途中管理知识 2. 造成环境污染的基本知识
	(三)器具的保养与维修	能进行常用蜂具的改良	蜂具性能、结构和原理知识
	(四)授粉	1. 能进行授粉蜂群的繁殖 2. 能管理授粉蜂群	授粉蜂群繁育、管理知识
二、育种	(一)蜂王培育	1. 能选择育王的母群 2. 能组织育王的哺育群 3. 能确定种用幼虫的虫龄 4. 能判定王台的质量优劣	1. 蜜蜂遗传学基础知识 2. 王台优劣的判别方法
	(二)雄蜂培育	1. 能选择父群 2. 能培育雄蜂	1. 父群选择知识 2. 雄蜂培育方法
	(三)交尾群组织	1. 能诱入处女王 2. 能储备处女王	1. 蜂王信息素知识 2. 蜂王储备方法知识

（续）

职业功能	工作内容	技能要求	相关知识
三、蜂产品采集	(一)蜂蜜生产	1. 能用双王培育强群采蜜 2. 能用主、副群进行采蜜 3. 能生产巢蜜 4. 能制定周年的放蜂路线计划	1. 蜜蜂双王群饲养方法知识 2. 蜜源植物分布与利用知识 3. 巢蜜生产知识
	(二)蜂王浆生产	1. 能确定取浆周期 2. 能确定产浆期间蜂群奖励饲喂的频度和饲喂量	1. 幼虫虫龄与王台内贮浆的关系 2. 奖励饲喂与蜂王浆产量关系
	(三)蜂花粉生产	1. 能根据蜜源开花吐粉情况确定安装脱粉器的时机 2. 能根据蜂群内贮粉情况确定脱粉时间长短 3. 能确定花粉含水量	1. 蜜源植物开花吐粉习性 2. 蜜蜂繁育与饲料消耗关系 3. 蜂花粉知识
	(四)蜂胶生产	能进行蜂胶的生产与贮存	蜂胶的物理、化学性状基础知识
	(五)其他蜂产品生产	1. 能进行雄蜂蛹生产 2. 能进行蜂毒的采集	1. 雄蜂蛹保鲜、初加工知识 2. 取毒器类型、取毒方法知识
四、病虫害防治	(一)预防	能根据病害流行规律制定蜂场周年卫生消毒计划	1. 蜜蜂病原物滋生地知识 2. 蜜蜂常见病虫敌害发生的季节性知识

（续）

职业功能	工作内容	技能要求	相关知识
四、病虫害防治	（二）诊断	1. 能识别常见病虫敌害的症状 2. 能确定蜜蜂的中毒症状	1. 蜜蜂常见病虫敌害知识 2. 蜜蜂食物中毒、农药中毒知识
	（三）治疗	能确定常见病害治疗使用的药剂和方法	1. 蜜蜂病害防治知识 2. 无公害蜂产品生产知识 3. 禁用兽药名录

3.4　技师

职业功能	工作内容	技能要求	相关知识
一、饲养管理	（一）蜂群管理	1. 能制定蜂场周年管理计划 2. 能区别蜜蜂属的种 3. 能对蜜蜂种进行鉴定 4. 能管理育种蜂群 5. 能管理育王场蜂群	1. 蜂群四季管理知识 2. 蜜蜂种质资源知识 3. 蜜蜂种鉴定方法 4. 育种蜂群管理知识 5. 育王场建设、管理知识
	（二）蜂群迁移	1. 能根据物候判定蜜源植物泌蜜时间及各主要蜜源植物泌蜜期蜂群管理要点 2. 能对转地放蜂进行组织安排	1. 蜜源植物泌蜜规律及物候学知识 2. 蜜蜂转地放蜂转运准备知识
	（三）器具的保养与维修	能进行蜂具设计	国内外蜂具研究进展
	（四）授粉	1. 能进行蜜蜂授粉设计 2. 能进行蜜蜂授粉活动的组织与协调	1. 蜜蜂授粉方法 2. 影响授粉效果的因素

（续）

职业功能	工作内容	技能要求	相关知识
二、育种	(一)蜂王培育	1. 能进行人工授精前蜂王的管理 2. 能培育出单交种蜜蜂	1. 处女王性成熟知识 2. 单交种知识
	(二)雄蜂培育	1. 能鉴别雄蜂性成熟 2. 能人工采集雄蜂精液	1. 雄蜂性成熟知识 2. 雄蜂精液人工采集方法
	(三)蜂王人工授精	1. 能进行人工授精器具的准备 2. 能加工制作人工授精附件	1. 蜜蜂人工授精器具知识 2. 人工授精附件的规格
三、病虫害防治	(一)诊断	1. 能识别蜜蜂主要病虫敌害 2. 能确定蜜蜂非传染性病害	1. 蜜蜂主要病虫敌害知识 2. 蜜蜂非传染性病害知识
	(二)治疗	能制定蜂场周年防病、治病计划	蜜蜂病害综合防治知识
四、技术管理	(一)技术评估	能对技术措施应用后效果进行评估，针对其问题提出解决方案	技术评估方法
	(二)技术开发	1. 能对生产中存在的问题提出攻关课题，并开展科学研究 2. 能有计划地引进、示范推广新品种、新技术 3. 能对饲养蜂种进行复壮	1. 试验设计、数据统计知识 2. 蜂种提纯复壮知识

（续）

职业功能	工作内容	技能要求	相关知识
五、培训指导	（一）技术培训	1. 能制定初级、中级人员培训计划 2. 能准备初级、中级人员培训的资料、实验用具、场地 3. 能给初、中级人员进行理论培训、实际操作培训	1. 培训计划编制知识 2. 讲义编制知识 3. 培训方法
	（二）技术指导	能指导初级、中级人员进行养蜂生产	技术指导相关知识

3.5　高级技师

职业功能	工作内容	技能要求	相关知识
一、饲养管理	（一）蜂群管理	1. 能区别生产上使用的主要品种 2. 能对主要品种进行鉴定 3. 能管理蜂场生产绿色、有机蜂产品	1. 蜜蜂品种知识 2. 绿色、有机蜂产品知识
	（二）授粉	1. 能根据不同授粉对象，制定配套的授粉技术 2. 能利用其他授粉蜂授粉	1. 授粉配套技术 2. 其他授粉蜂知识 3. 国内外授粉研究进展
二、育种	（一）育种器具的准备	根据不同蜜蜂的种（西方蜜蜂、东方蜜蜂），调节人工授精仪的参数	各种人工授精仪的结构知识
	（二）蜂王培育	1. 能确定蜂王人工授精的时机 2. 能培育出三交种、双交种蜜蜂	1. 不同品种蜜蜂蜂王性成熟差异知识 2. 杂种组配原理

(续)

职业功能	工作内容	技能要求	相关知识
二、育种	(三)雄蜂培育	能配制精子稀释保护液	雄蜂精子保护知识
	(四)蜂王人工授精	1. 能进行蜂王人工授精 2. 能管理人工授精蜂王	1. 蜂王生殖系统解剖学 2. 人工授精蜂王管理要求
三、病虫害防治	(一)诊断	1. 能使用蜜蜂病害诊断实验室的仪器设备 2. 能对蜜蜂主要病害进行实验室病原诊断	1. 实验室常规设备知识 2. 蜜蜂主要病害病原学知识
	(二)治疗	1. 能研发设计新蜂药制剂生产工艺 2. 制定蜂病综合防治方案	1. 兽药知识 2. 蜜蜂流行病学知识
四、技术管理	(一)市场评估	能对市场进行调查分析,预测市场的变化,调节产品生产	市场调查、预测知识
	(二)技术开发	1. 能根据市场蜂产品销售情况,预测产销变化 2. 能够提出技术开发的思路与方法	蜂产品产销动态知识
五、培训指导	(一)技术培训	1. 能制定高级人员和技师培训计划 2. 能准备高级人员和技师培训的资料、实验用具、场地 3. 能给高级人员和技师进行理论培训、实际操作培训	教育学相关知识
	(二)技术指导	能指导高级人员和技师进行养蜂生产	授课技巧

4　比　重　表

4.1　理论知识

项　目		初级（%）	中级（%）	高级（%）	技师（%）	高级技师（%）
基本要求	职业道德	5	5	5	5	5
	基础知识	25	25	20	15	15
相关知识	饲养管理 蜂群管理	20	20	15	10	10
	饲养管理 蜂群迁移	7	6	5	8	—
	饲养管理 器具的保养与维修	2	2	—	—	—
	饲养管理 授粉	—	—	5	8	9
	育种 育种器具的准备	3	3	—	—	—
	育种 蜂王培育	5	5	8	5	5
	育种 雄蜂培育	5	3	3	3	3
	育种 交尾群组织	5	5	5	—	—
	育种 蜂王人工授精	—	—	—	8	12
	蜂产品采集 蜂蜜生产	5	5	3	—	—
	蜂产品采集 蜂王浆生产	5	3	3	—	—
	蜂产品采集 蜂花粉生产	3	2	2	—	—
	蜂产品采集 蜂胶生产	—	1	1	—	—
	蜂产品采集 其他蜂产品生产	—	2	2	—	—
	病虫害防治 预防	5	5	5	—	—
	病虫害防治 诊断	—	3	8	15	15
	病虫害防治 治疗	5	5	10	10	8

(续)

项 目			初级 (%)	中级 (%)	高级 (%)	技师 (%)	高级技师 (%)
相关 知识	技术 管理	技术评估	—	—	—	3	4
		市场评估	—	—	—	2	3
		技术开发	—	—	—	2	3
	培训 指导	技术培训	—	—	—	3	4
		技术指导	—	—	—	3	4
合 计			100	100	100	100	100

4.2 技能操作

项 目			初级 (%)	中级 (%)	高级 (%)	技师 (%)	高级技师 (%)
技能 要求	饲养 管理	蜂群管理	30	30	30	20	15
		蜂群迁移	8	5	5	5	—
		器具的保养与维修	5	5	—	—	—
		授粉	—	—	5	10	15
	育种	育种器具的准备	4	4			4
		蜂王培育	8	7	7	7	7
		雄蜂培育	8	7	7	7	7
		交尾群组织	8	7	7		
		蜂王人工授精	—	—	—	10	10
	蜂产 品采 集	蜂蜜生产	7	5	5	—	—
		蜂王浆生产	7	5	5		
		蜂花粉生产	5	5	5		

（续）

项　目		初级 （%）	中级 （%）	高级 （%）	技师 （%）	高级技师 （%）
技能 要求	蜂产 品采 集	蜂胶生产	—	3	3	—	—
		其他蜂产品生产	—	2	6	—	—
	病虫 害 防治	预防	5	5	5	—	—
		诊断	—	5	5	10	10
		治疗	5	5	5	10	10
	技术 管理	技术评估	—	—	—	4	4
		市场评估	—	—	—	4	4
		技术开发	—	—	—	4	4
	培训 指导	技术培训	—	—	—	4	5
		技术指导	—	—	—	5	5
合　　计			100	100	100	100	100

肥料配方师
国家职业标准

1 职业概况

1.1 职业名称

肥料配方师。

1.2 职业定义

从事肥料配方、肥料应用及效果评价等工作的人员。

1.3 职业等级

本职业共设三个等级,分别为:三级肥料配方师(国家职业资格三级)、二级肥料配方师(国家职业资格二级)、一级肥料配方师(国家职业资格一级)。

1.4 职业环境条件

室内、室外,常温。

1.5 职业能力特征

具有一定的学习、计算、观察、分析、推理和判断能力,手指、手臂灵活,动作协调,身体健康。

1.6 基本文化程度

高中毕业(或同等学力)。

1.7 培训要求

1.7.1 培训期限

全日制职业学校教育,根据其培养目标和教学计划确定。晋级培训期限:三级不少于120标准学时;二级不少于100标准学时;一级不少于80标准学时。

1.7.2 培训教师

培训三级、二级肥料配方师的教师应具有本职业二级以上肥料配方师职业资格证书,或相关专业高级以上专业技术职务任职资格;培训一级肥料配方师的教师应具有本职业一级肥料配方师职业资格证书,或相关专业正高级(研究员或教授)专业技术职务任职资格。

1.7.3 培训场地与设备

具备满足教学需要的标准教室、肥料试验基地、土壤肥料测试化验室以及配方肥相关设备。

1.8 鉴定要求

1.8.1 适用对象

从事或准备从事本职业的人员。

1.8.2 申报条件

二级肥料配方师(具备下列条件之一者):

(1)经本职业初级正规培训,达到规定标准学时数,并取得结业证书。

(2)连续从事本职业工作6年以上。

(3)大学专科(含)以上本专业或相关专业在校学生。

——二级肥料配方师(具备下列条件之一者):

(1)取得本职业初级职业证书后,连续从事本职业工作3年以上者,经本职业中级正规培训,达到规定标准学时数,并取得结业证书。

(2)连续从事本职业工作10年以上。

(3)大学本科(含)以上本专业或相关专业毕业生取得本职业初级证书后,连续从事本职业工作3年以上。

——一级肥料配方师(具备下列条件之一者):

(1)取得本职业中级职业证书后,连续从事本职业工作5年以上者,经本职业高级正规培训,达到规定标准学时数,并取得结业证书。

(2)连续从事本职业工作15年以上。

(3)硕士研究生以上本专业或相关专业毕业生取得本职业中级证书后,连续从事本职业工作3年以上。

1.8.3 鉴定方式

分为理论知识考试和技能操作考核。理论知识考试采用闭卷笔试方式,技能操作考核采用现场实际操作方式。理论知识考试和技能操作考核均实行百分制,成绩皆达60分及以上者为合格。一级、二级肥料配方师还须进行综合评审。

1.8.4 考评人员与考生配比

理论知识考试考评人员与考生配比为1∶15,每个标准教室不少于2名考评人员;技能操作考核考评人员与考生配比为1∶5,且不少于3名考评人员;综合评审委员不少于5人。

1.8.5 鉴定时间

理论知识考试时间不少于 90 分钟;技能操作考核时间不少于 30 分钟;综合评审时间不少于 30 分钟。

1.8.6 鉴定场所与设备

理论知识考试在标准教室进行,技能操作考核场所须配备与考核相关的操作用具和实验设备。

2 基本要求

2.1 职业道德

2.1.1 职业道德基本知识

2.1.2 职业守则

(1)敬业爱岗,忠于职守。

(2)认真负责,实事求是。

(3)勤奋好学,精益求精。

(4)热情服务,遵纪守法。

(5)规范操作,注意安全。

2.2 基础知识

2.2.1 专业知识

(1)植物营养与施肥基础知识。

(2)土壤农化分析基础知识。

(3)土壤学基础知识。

(4)土壤调查基础知识。

(5)田间试验基础知识。

(6)肥料学基础知识。

(7)肥料配方基础知识。

(8)肥料储藏、运输知识。

(9)常用仪器分析知识。

(10)作物栽培知识。

(11)肥料试验与统计分析基础知识。

(12)计算机应用基础知识。

(13)肥料市场营销知识。

(14)肥料施用技术知识。

(15)农业技术推广基础知识。

2.2.2　安全知识

安全用电、用水、用气,防火、防盗等知识。

2.2.3　相关法律、法规知识

(1)《中华人民共和国农业法》的相关知识。

(2)《中华人民共和国农业技术推广法》的相关知识。

(3)《中华人民共和国产品质量法》的相关知识。

(4)中华人民共和国肥料产品国家标准和行业标准。

3　工　作　要　求

3.1　三级肥料配方师

职业功能	工作内容	技能要求	相关知识
一、土壤分析	(一)土壤养分测定	1. 能够采集土壤样品 2. 能够制备土壤样品 3. 能够测定土壤有机质及速效氮、有效磷、有效钾养分	1. 作物生育期需肥规律与施肥 2. 测定土壤有机质及速效氮、有效磷、有效钾养分分析方法

（续）

职业功能	工作内容	技能要求	相关知识
一、土壤分析	（二）土壤调查	1. 能够进行土壤野外调查并收集调查结果 2. 能够识别土壤物理性状	3. 识别土壤物理性状知识 4. 土壤调查基础知识
二、肥效试验	（一）肥料田间试验	1. 能够根据肥料田间试验方案布置试验 2. 能够采集植物样品并开展生物性状调查 3. 能够开展农户施肥状况调查	1. 田间试验方法 2. 农作物栽培技术基础知识 3. 计算机应用基础知识
	（二）数据整理	1. 能够收集田间试验、农户调查等资料 2. 能够整理田间试验、农户调查等数据	
三、配方制定	（一）肥料选择	1. 能够识别氮、磷、钾等肥料 2. 能够根据配方要求选择氮、磷、钾等肥料	1. 氮、磷、钾等肥料的性质 2. 氮、磷、钾等肥料混配的原则和方法
	（二）肥料配方	1. 能够按土壤和作物要求制定氮、磷、钾等肥料的配方 2. 能够根据肥料配方进行氮、磷、钾等肥料的混配	
四、应用推广	（一）肥料储藏、运输	1. 能够安全储藏氮、磷、钾等肥料 2. 能够安全运输氮、磷、钾等肥料	1. 氮、磷、钾等肥料储藏、运输知识 2. 氮、磷、钾等肥料使用技术

（续）

职业功能	工作内容	技能要求	相关知识
四、应用推广	(二)肥料销售	1. 能够判别肥料包装标识是否规范 2. 能够介绍氮、磷、钾等肥料的适宜作物和区域	3. 农业技术推广基础知识 4. 肥料市场营销知识
	(三)肥料使用	1. 能够按土壤和作物要求推荐所需的肥料 2. 能够介绍氮、磷、钾等肥料及混配肥料的使用方法	
五、肥料评价	(一)质量检验	1. 能够使用肥料检测仪器分析氮、磷、钾等肥料及混配肥料养分指标 2. 能够根据标准判定氮、磷、钾等肥料及混配肥料的质量	1. 氮、磷、钾等肥料及混配肥料质量标准 2. 氮、磷、钾等肥料检测仪器使用知识 3. 肥料效应田间试验标准
	(二)效益评价	1. 能够根据肥料检测结果评价氮、磷、钾等肥料及混配肥料理化性状的优劣 2. 能够评价氮、磷、钾等肥料及混配肥料的使用效果	

3.2　二级肥料配方师

职业功能	工作内容	技能要求	相关知识
一、土壤分析	(一)土壤养分测定	1. 能够制定土壤样品采集方案 2. 能够选择土壤养分测试方法 3. 能够进行土壤养分的分析测定	1. 土壤调查规划知识 2. 土壤肥力分析测试知识

（续）

职业功能	工作内容	技能要求	相关知识
一、土壤分析	（二）土壤调查	1. 能够测定土壤物理性状 2. 能够布置土壤类型、分布、物理化学性状等野外调查 3. 能够撰写土壤调查报告	
二、肥效试验	（一）肥料田间试验	1. 能够设计肥料田间试验方案 2. 能够设计农户施肥状况调查方案	1. 田间试验统计分析知识 2. 计算机应用程序的使用知识 3. 肥料田间试验设计知识
	（二）数据整理	1. 能够汇总分析肥料田间试验资料数据 2. 能够撰写试验报告	
三、配方制定	（一）肥料选择	1. 能够根据肥料的性质将肥料分类 2. 能够根据配方要求选择肥料	1. 肥料配方知识 2. 肥料理化性状知识
	（二）肥料配方	1. 能够按土壤和作物要求制定肥料的普通配方 2. 能够进行肥料的混配	
四、应用推广	（一）肥料储藏、运输	1. 能够安全储藏肥料 2. 能够安全运输肥料	1. 肥料储藏、运输、应用知识 2. 农业技术推广方式创新知识
	（二）肥料使用	1. 能够介绍肥料及混配肥料的使用方法 2. 能够判断肥料使用不当的原因	
	（三）技术培训	1. 能够制作肥料使用技术的宣传材料 2. 能够对农民和基层农技人员进行技术培训	

（续）

职业功能	工作内容	技能要求	相关知识
五、肥料评价	(一)质量检验	能够使用肥料检测仪器开展肥料质量检验	1. 检测仪器校验知识 2. 肥料效果评价基础知识
	(二)质量评价	能够评估肥料的理化性状与质量	

3.3　一级肥料配方师

职业功能	工作内容	技能要求	相关知识
一、土壤分析	(一)土壤养分测定	1. 能够审定土壤样品采集方案 2. 能够评价土壤养分的分析结果	1. 植物营养学特性和养分管理 2. 土壤学与地貌学知识
	(二)土壤调查	1. 能够审定选择土壤物理性状测定方法 2. 能够设计土壤野外调查方案 3. 能够审定调查汇总结果、评价土壤肥力 4. 能够撰写评价报告	
二、肥效试验	(一)肥料田间试验	1. 能够审定肥料田间试验方案 2. 能够审定肥料施用状况调查方案	1. 统计学知识 2. 计算机程序设计应用知识
	(二)数据整理	1. 能够审定肥料田间试验和肥料施用状况调查数据分析结果 2. 能够审查试验报告	

（续）

职业功能	工作内容	技能要求	相关知识
三、配方制定	（一）肥料选择	1. 能够根据特殊肥料配方要求,选择适宜肥料品种 2. 能够进行特殊肥料的混配	特殊肥料配方知识
	（二）肥料配方	1. 能够按土壤和作物要求设计特殊要求的肥料配方 2. 能够评价肥料配方,对肥料配方提出修改意见	
四、应用推广	（一）肥料使用	1. 能够介绍特殊要求肥料的混配方法和施用方法 2. 能够根据作物长势判断肥料应用期不当的原因	1. 植物营养与肥料知识 2. 技术培训技巧知识
	（二）技术培训	1. 能够编写技术培训、宣传材料 2. 能够开展对中、初级技术人员的技术培训	
五、肥料评价	（一）质量检验	能够根据肥料性质确定检测仪器和检测方法	肥料效果评价知识
	（二）效益评价	能够评价肥料质量和肥料配方的使用效果	

4　比　重　表

4.1　理论知识

项　目		三级（%）	二级（%）	一级（%）
基本要求	职业道德	5	5	5
	基础知识	20	15	15

（续）

项　目		三级(%)	二级(%)	一级(%)
相关知识	土壤分析	15	10	15
	肥效试验	15	15	20
	配方制定	20	25	20
	应用推广	15	20	10
	肥料评价	10	10	15
合　计		100	100	100

4.2　技能操作

项　目		三级(%)	二级(%)	一级(%)
技能要求	土壤分析	30	25	15
	肥效试验	15	10	5
	配方制定	30	30	30
	应用推广	15	15	20
	质量评价	10	20	30
合　计		100	100	100

农作物植保员
国家职业标准

1 职业概况

1.1 职业名称

农作物植保员。

1.2 职业定义

从事预防和控制有害生物对农作物及其产品的危害,保护安全生产的人员。

1.3 职业等级

本职业共设五个等级,分别为:初级(国家职业资格五级)、中级(国家职业资格四级)、高级(国家职业资格三级)、技师(国家职业资格二级)、高级技师(国家职业资格一级)。

1.4 职业环境

室内、外,常温。

1.5 职业能力特征

具有一定的学习、计算、颜色、气味辨别、语言表达和分析判断能力,动作协调。

1.6　基本文化程度

初中毕业。

1.7　培训要求

1.7.1　培训期限

全日制职业学校教育,根据其培养目标和教学计划确定。晋级培训期限:初级不少于 150 标准学时;中级不少于 120 标准学时;高级不少于 100 标准学时;技师不少于 100 标准学时;高级技师不少于 80 标准学时。

1.7.2　培训教师

培训初级、中级的教师应具有本职业技师及以上职业资格证书或相关专业中级及以上专业技术职务任职资格;培训高级、技师的教师应具有本职业高级技师职业资格证书或相关专业高级专业技术职务任职资格;培训高级技师的教师应具有本职业高级技师职业资格证书 2 年以上或相关专业高级专业技术职务任职资格。

1.7.3　培训场地设备

满足教学需要的标准教室,具有观测有害生物的仪器设备及相关教学用具的实验室和教学基地。

1.8　鉴定要求

1.8.1　适用对象

从事或准备从事本职业的人员。

1.8.2　申报条件

——初级（具备以下条件之一者）

（1）经本职业初级正规培训达规定标准学时数，并取得结业证书。

（2）在本职业连续工作1年以上。

——中级（具备以下条件之一者）：

（1）取得本职业初级职业资格证书后，连续从事本职业工作2年以上，经本职业中级正规培训达规定标准学时数，并取得结业证书。

（2）取得本职业初级职业资格证书后，连续从事本职业工作4年以上。

（3）连续从事本职业工作5年以上。

（4）取得经劳动保障行政部门审核认定的，以中级技能为培养目标的中等以上职业学校本职业（专业）毕业证书。

——高级（具备以下条件之一者）：

（1）取得本职业中级职业资格证书后，连续从事本职业工作2年以上，经本职业高级正规培训达规定标准学时数，并取得结业证书。

（2）取得本职业中级职业资格证书后，连续从事本职业工作4年以上。

（3）大专以上本专业或相关专业毕业生取得本职业中级职业资格证书后，连续从事本职业工作2年以上。

——技师（具备以下条件之一者）：

（1）取得本职业高级职业资格证书后，连续从事本职业工作5年以上，经本职业技师正规培训达规定标准学时数，并取得结业证书。

（2）取得本职业高级职业资格证书后，连续从事本职业工作

8 年以上。

(3)大专以上本专业或相关专业毕业生,取得本职业高级职业资格证书后,连续从事本职业工作 2 年以上。

——高级技师(具备以下条件之一者):

(1)取得本职业技师职业资格证书后,连续从事本职业工作 3 年以上,经本职业高级技师正规培训达规定标准学时数,并取得结业证书。

(2)取得本职业技师职业资格证书后,连续从事本职业工作 5 年以上。

1.8.3 鉴定方式

分为理论知识考试和技能操作考核。理论知识采用闭卷笔试方式,技能操作考核采用现场实际操作方式。理论知识考试和技能操作考核均实行百分制,成绩皆达 60 分及以上为合格。技师、高级技师还须综合评审。

1.8.4 考评人员与考生配比

理论知识考试考评人员与考生配比为 1∶15,每个标准教室不少于 2 名考评人员;技能操作考核考评员与考生配比为1∶5,且不少于 3 名考评员。综合评审委员不少于 5 人。

1.8.5 鉴定时间

各等级理论知识考试时间与技能操作考核时间各为 90 分钟。

1.8.6 鉴定场所设备

理论知识考试在标准教室里进行,技能操作考核在具有必要设备的植保实验室及田间现场进行。

2　基本要求

2.1　职业道德

2.1.1　职业道德基本知识

2.1.2　职业守则

(1)敬业爱岗,忠于职守。

(2)认真负责,实事求是。

(3)勤奋好学,精益求精。

(4)热情服务,遵纪守法。

(5)规范操作,注意安全。

2.2　基础知识

2.2.1　专业知识

(1)植物保护基础知识。

(2)作物病、虫、草、鼠害调查与测报基础知识。

(3)有害生物综合防治知识。

(4)农药及药械应用基础知识。

(5)植物检疫基础知识。

(6)作物栽培基础知识。

(7)农业技术推广知识。

(8)计算机应用知识。

2.2.2　法律知识

(1)《中华人民共和国农业法》。

(2)《中华人民共和国农业技术推广法》。

(3)《中华人民共和国种子法》。

(4)《中华人民共和国植物新品种保护条例》。

(5)《中华人民共和国产品质量法》。

(6)《中华人民共和国经济合同法》等相关的法律法规。

2.2.3　安全知识

(1)安全使用农药知识。

(2)安全用电知识。

(3)安全使用农机具知识。

3　工 作 要 求

本标准对初级、中级、高级、技师和高级技师的技能要求依次递进,高级别涵盖低级别的要求。

3.1　初级

职业功能	工作内容	技能要求	相关知识
一、预测预报	(一)田间调查	1. 能识别当地主要病、虫、草、鼠害和天敌 15 种以上 2. 能进行常发性病虫发生情况调查	1. 病、虫、草种类识别知识 2. 田间调查方法
	(二)整理数据	能进行简单的计算	百分率、平均数和虫口密度的计算方法
	(三)传递信息	能及时、准确传递病、虫信息	传递信息的注意事项
二、综合防治	(一)阅读方案	读懂方案并掌握关键点	1. 综防原则 2. 综防技术要点
	(二)实施综防措施	1. 能利用抗性品种和健身栽培措施防治病虫 2. 能利用灯光、黄板和性诱剂等诱杀害虫	物理、化学方法诱杀害虫知识

（续）

职业功能	工作内容	技能要求	相关知识
三、农药（械）使用	（一）准备农药（械）	1. 能根据农药施用技术方案，正确备好农药（械） 2. 能辨别常用农药外观质量	农药（械）知识
	（二）配制药液、毒土	能按药、水（土）配比要求配制药液及毒土	常用农药使用常识和注意事项
	（三）施用农药	1. 能正确施用农药 2. 能正确使用手动喷雾器	1. 常见病、虫、草害发生特点 2. 手动喷雾器构造及使用方法 3. 安全施药方法和注意事项
	（四）清洗药械	能正确处理清洗药械的污水和用过的农药包装物	药械保管与维护常识
	（五）保管农药（械）	能按规定正确保管农药（械）	农药储存及保管常识

3.2 中级

职业功能	工作内容	技能要求	相关知识
一、预测预报	（一）田间调查	1. 能识别当地主要病、虫、草、鼠害和天敌25种以上 2. 能独立进行主要病虫发生情况调查	
	（二）整理数据	能进行常规计算	普遍率和虫口密度的计算方法
	（三）传递信息	能对病、虫发生动态做出初步判断	病、虫发生规律一般知识

（续）

职业功能	工作内容	技能要求	相关知识
二、综合防治	（一）起草综防计划	能结合实际对一种主要病、虫提出综防计划	主要病、虫发生规律基本知识
	（二）实施综防措施	1. 能利用天敌进行生物防治 2. 能合理使用农药控害保益	生物防治基本知识
三、农药(械)使用	（一）配制药液、毒土	能批量配制农药	农药配制常识
	（二）施用农药	1. 能使用背负式机动喷雾器 2. 能排除背负式机动喷雾器一般故障	1. 农药使用方法 2. 背负式机动喷雾器使用及维修方法 3. 农药中毒急救方法
	（三）维修保养药械	1. 能维修手动喷雾器 2. 能保养背负式机动喷雾器	

3.3 高级

职业功能	工作内容	技能要求	相关知识
一、预测预报	（一）田间调查	1. 能识别当地主要病、虫、草、鼠害和天敌 50 种以上 2. 能对主要病、虫进行发生期和发生量的调查	1. 昆虫形态、病害诊断及杂草识别的一般知识 2. 显微镜、解剖镜的操作使用方法 3. 主要病、虫系统调查方法

（续）

职业功能	工作内容	技能要求	相关知识
一、预测预报	（二）数据分析	1. 能使用计算工具做简单的统计分析 2. 能编制统计图表	统计分析的一般方法
	（三）预测分析	1. 能使用计算机查看病、虫发生信息 2. 能确定防治适期和防治田块	1. 主要病、虫的防治指标 2. 昆虫的世代和发育进度
二、综合防治	（一）起草综防计划	能结合实际对三种主要病、虫害提出综防计划	主要病、虫发生规律
	（二）实施综防措施	能组织落实综防技术措施	主要病、虫综防技术规程
三、农药（械）使用	（一）配制药液、毒土	能进行多种剂型农药的配制	主要农药的性能
	（二）施用农药	能正确使用主要类型的机动药械	1. 农药安全使用常识和农药中毒急救方法 2. 主要药械的结构、性能及使用、养护方法
	（三）维修保养药械	能保养主要类型的机动药械	
	（四）代销农药	能代销农药	

3.4 技师

职业功能	工作内容	技能要求	相关知识
一、预测预报	（一）田间调查	1. 能对当地主要病、虫进行系统调查 2. 能安装、使用、维护常用观测器具	1. 病、虫测报调查规范 2. 观测器具的使用方法和注意事项

（续）

职业功能	工作内容	技能要求	相关知识
一、预测预报	(二)预测分析	1. 能整理归纳病、虫调查数据及相关气象资料 2. 能使用综合分析方法对主要病、虫做出短期预测	1. 病、虫害发生、消长规律 2. 生物统计基础知识 3. 农业气象基础知识
	(三)编写预报	1. 能编写短期预报 2. 能在计算机网上发布预报	科技应用文写作基本知识
二、综合防治	(一)制定综防计划	能以一种作物为对象制定有害生物综防计划	1. 病、虫、草、鼠害发生规律 2. 作物品种与栽培技术
	(二)协助建立综防示范田	1. 能正确选点 2. 能协调组织农户落实综防措施	农业技术推广知识
三、农药(械)使用	(一)制定药剂防治计划	能提出农药(械)需求品种和数量	农药(械)信息
	(二)指导科学用药	1. 能诊断和识别主要病、虫、草、鼠的种类 2. 能合理使用农药	1. 植物病害诊断和昆虫分类及杂草鉴别知识 2. 主要病、虫、草、鼠害防治技术 3. 农药管理法规
	(三)承办植物医院	能根据诊断结果和农药使用技术要求开方卖药	
四、植物检疫	(一)疫情调查	1. 能熟练调查检疫对象 2. 能进行室内镜检	植物检疫基础知识
	(二)疫情封锁控制	在植物检疫专业技术人员的指导下,能对危险性病、虫进行消毒处理	1. 危险性病、虫消毒处理方法 2. 检疫对象封锁控制技术

（续）

职业功能	工作内容	技能要求	相关知识
五、培训	（一）制订培训计划	能够制订初级、中级植保员职业培训计划	农业技术培训方法
	（二）实施培训	能联系实际进行室内和现场培训	

3.5 高级技师

职业功能	工作内容	技能要求	相关知识
一、预测预报	（一）预测分析	能对主要病、虫害进行数理统计分析	1. 病害流行基础知识 2. 昆虫生态基础知识 3. 生物统计基础知识 4. 计算机应用技术
	（二）编写预报	能简明、准确地编写中期预报	
二、综合防治	（一）审核综防计划	能对综防计划的科学性、可行性和可操作性做出判断	经济效益评估基本知识
	（二）检查指导综防实施情况	1. 能解决综防实施中较复杂的技术问题 2. 能根据病虫预测信息，对综防措施提出调整意见 3. 能撰写综防总结	病虫害预测预报知识
三、农药（械）使用	（一）制定药剂防治计划	能确定农药（械）需求品种和数量	1. 有害生物综合防治原则 2. 环境保护知识
	（二）检查指导药剂防治工作	1. 能解决药剂防治中难度较大的技术问题 2. 能根据病虫预测信息，对药剂防治计划提出调整意见	

（续）

职业功能	工作内容	技能要求	相关知识
三、农药（械）使用	（三）承办植物医院	能解决病、虫、草、鼠种类识别和防治技术中的疑难问题	植物病害诊断知识
四、植物检疫	（一）疫情调查	能较熟练地识别新的检疫对象	
	（二）疫情封锁控制	能封锁控制检疫对象	检疫对象封锁控制技术
五、培训	（一）制订培训计划	能制订中级、高级植保员培训计划	教育学基本知识
	（二）编制教材	能编写培训讲义及教材	
	（三）实施培训	能联系实际进行室内和现场培训	

4 比重表

4.1 理论知识

项目			初级（%）	中级（%）	高级（%）	技师（%）	高级技师（%）
基本要求	职业道德		5	5	5	5	5
	基础知识		35	30	25	20	20
相关知识	预测预报	田间调查	8	8	8	4	—
		整理数据	6	6	—	—	—
		传递信息	2	2	—	—	—

（续）

项　目			初级 （％）	中级 （％）	高级 （％）	技师 （％）	高级技师 （％）
相关知识	预测预报	数据分析	—	—	6	—	—
		预测分析	—	—	10	6	8
		编写预报	—	—	—	5	4
	综合防治	阅读方案	6	—	—	—	—
		实施综防措施	10	10	12	—	—
		起草综防措施	—	16	10	—	—
		制定综防措施	—	—	—	8	—
		协助建立综防示范田	—	—	—	6	—
		审核综防计划	—	—	—	—	5
		检查指导综防实施情况	—	—	—	—	6
	农药（械）使用	准备农药（械）	4	—	—	—	—
		配制药液、毒土	6	6	5	—	—
		施用农药	10	10	8	—	—
		清洗药械	4	—	—	—	—
		保管农药（械）	4	—	—	—	—
		维修保养药械	—	7	5	—	—
		代销农药	—	—	6	—	—
		制定药剂防治计划	—	—	—	6	10
		指导科学用药	—	—	—	6	—
		承办植物医院	—	—	—	6	5
		检查指导药剂防治工作	—	—	—	—	5

（续）

		项　　目	初级 （％）	中级 （％）	高级 （％）	技师 （％）	高级技师 （％）
相关 知识	植物 检疫	疫情调查	—	—	—	8	5
		疫情封锁控制	—	—	—	8	5
	培 训	制订培训计划	—	—	—	6	5
		实施培训	—	—	—	6	12
		编写教材	—	—	—	—	12
	合　　计		100	100	100	100	100

4.2　技能操作

		项　　目	初级 （％）	中级 （％）	高级 （％）	技师 （％）	高级技师 （％）
技能 要求	预 测 预 报	田间调查	14	14	14	14	—
		整理数据	8	8	—	—	—
		传递信息	6	6	—	—	—
		数据分析	—	—	8	—	—
		预测分析	—	—	8	6	8
		编写预报	—	—	—	4	4
	综 合 防 治	起草（阅读、制定、审核） 综防计划	8	14	14	10	10
		实施综防措施	14	14	14	—	—
		检查指导综防实施情况 （协助建立综防试验田）	—	—	—	8	12

（续）

项　　目			初级（%）	中级（%）	高级（%）	技师（%）	高级技师（%）
技能要求	农药（械）使用	准备农药（械）	8	8	—	—	—
		配制药液、毒土	12	12	12	—	—
		施用农药	14	14	14	—	—
		清洗（维修）药械	8	10	10	—	—
		保管农药（械）	8	—	—	—	—
		代销农药	—	—	6	—	—
		制定药剂防治（计划）方案	—	—	—	6	5
		承办植物医院	—	—	—	8	5
		检查指导药剂防治工作	—	—	—	8	10
	植物检疫	疫情调查	—	—	—	8	5
		疫情封锁控制	—	—	—	8	6
	培训	制订培训计划	—	—	—	10	10
		编写教材					15
		实施培训	—	—	—	10	10
合　　计			100	100	100	100	100

农情测报员
国家职业技能标准

1 职业概况

1.1 职业名称

农情测报员。

1.2 职业定义

从事农业生产情况调查、测试、分析、上报的从业人员。

1.3 职业等级

本职业共设三个等级,分别为:高级(国家职业资格三级)、技师(国家职业资格二级)、高级技师(国家职业资格一级)。

1.4 职业环境条件

室内、外,常温。

1.5 职业能力特征

动手能力强,能操作计算机,有较强的观察、分析能力,善于学以致用,有较强的语言表达能力和公文写作能力。

1.6　基本文化程度

大专毕业（或同等学力）。

1.7　培训要求

1.7.1　培训期限

全日制职业学校教育，根据其培养目标和教学计划确定。晋级培训期限：高级不少于 90 标准学时；技师不少于 70 标准学时，高级技师不少于 60 标准学时。

1.7.2　培训教师

培训高级工、技师的教师应具有本职业高级技师职业资格证书，或本专业高级及以上专业技术职务任职资格；培训高级技师的教师应具有本职业高级技师职业资格证书 5 年以上，或本专业高级及以上专业技术职务任职资格。

1.7.3　培训场所及设备

理论培训场地应具有可容纳 20 名以上学员的标准教室，并配备投影仪、电视机及播放设备。实际操作培训场所应具有相关的场地、仪器设备及教学用具。

1.8　鉴定要求

1.8.1　适用对象

从事或准备从事本职业的人员。

1.8.2　申报条件

高级（具备以下条件之一者）：

（1）取得经人力资源和社会保障行政部门审核认定的、以高级技能为培养目标的高等职业学校本职业（专业）毕业证书。

(2)取得本职业大学以上本专业或相关专业毕业生,连续从事本职业工作2年以上。

——技师(具备以下条件之一者):

(1)取得本职业高级职业资格证书后,连续从事本职业工作5年以上,经本职业技师正规培训达规定标准学时数,并取得结业证书。

(2)取得本职业高级职业资格证书后,连续从事本职业工作7年以上。

(3)取得本职业高级职业资格证书的高级技工学校本职业(专业)毕业生和大专以上本专业或相关专业的毕业生,连续从事本职业工作2年以上。

——高级技师(具备以下条件之一者):

(1)取得本职业技师职业资格证书后,连续从事本职业工作3年以上,经本职业高级技师正规培训达规定标准学时数,并取得结业证书。

(2)取得本职业技师职业资格证书后,连续从事本职业工作5年以上。

1.8.3　鉴定方式

分为理论知识考试和技能操作考核,理论知识考试采用闭卷笔试方式,技能操作考核采用现场实际操作方式。理论知识考试和技能操作考核均实行百分制,成绩皆达60分及以上者为合格。技师和高级技师还需进行综合评审。

1.8.4　考评人员与考生配比

理论知识考试考评人员与考生配比为1∶20,每个标准教室不少于2名考评人员;技能操作考核考评人员与考生配比为1∶5,且不少于3名考评人员。综合评审委员不少于5人。

1.8.5 鉴定时间

理论知识考试时间为 90 分钟,技能操作考核时间不少于 60 分钟。综合评审时间不少于 30 分钟。

1.8.6 鉴定场所及设备

理论知识考试在标准教室进行。技能操作考核在具有必要设备的教学实施基地和田间现场进行。

2 基本要求

2.1 职业道德

2.1.1 职业道德基本知识

2.1.2 职业守则

(1)遵纪守法,诚信为本。

(2)爱岗敬业,认真负责。

(3)勤奋努力,精益求精。

(4)吃苦耐劳,团结合作。

2.2 基础知识

2.2.1 专业知识

(1)土壤和肥料知识。

(2)农业气象知识。

(3)作物栽培知识。

(4)植物保护知识。

(5)农业机械基础知识。

(6)统计学基础知识。

(7)农业环境与保护基本知识。

(8)地理学基础知识。

(9)计算机应用知识。

(10)公文写作知识。

(11)礼仪常识。

2.2.2　安全知识

(1)农业机械、器具安全使用知识。

(2)仪器设备安全使用。

(3)安全用电知识。

(4)安全使用农药知识。

(5)农产品质量安全知识。

2.2.3　相关法律、法规知识

(1)《中华人民共和国农业法》的相关知识。

(2)《中华人民共和国农业技术推广法》的相关知识。

(3)《中华人民共和国劳动法》的相关知识。

(4)《中华人民共和国合同法》的相关知识。

(5)《中华人民共和国种子法》的相关知识。

(6)《中华人民共和国农产品质量安全法》的相关知识。

(7)《中华人民共和国统计法》的相关知识。

(8)《农业转基因生物进口安全管理办法》的相关知识。

(9)《中华人民共和国保守国家秘密法》的相关知识。

3　工　作　要　求

本标准对高级、技师和高级技师的技能要求依次递进,高级别涵盖低级别的要求。

3.1　高级

职业功能	工作内容	技能要求	相关知识
一、播种前测报	(一)种植意向测报	1. 能查询上年种植信息 2. 能进村入户采集种植面积、品种、农资投入品需求、统防统治、农事委托服务、农机统一作业等意向 3. 能整理调查数据并填写调查表 4. 能填报当地主要农作物推广面积预测表	1. 沟通技巧 2. 调查点选定基本知识
	(二)农资准备测报	1. 能识别当地主要粮食作物品种及种子包装标签标识 2. 能识别当地化肥的主要品种及包装标签标识,并能进行化肥的 N、P_2O_5、K_2O 含量的计算 3. 能用闻、烧、湿(释)、搓等方法简易识别真假化肥 4. 能识别农药包装标签标识,并能按 100% 有效成分进行农药总资源计算 5. 能识别当地主要耕作农机具 2~3 种 6. 能通过咨询、样点抽样调查收集农资贷款信息 7. 能通过供销、种子、农机等部门采集农资供给信息	1. 种子分类基础知识 2. 农药种类及其成分计算方法 3. 肥料种类及其有效成分计算方法 4. 常用农机具识别 5. 溶液浓度计算知识

（续）

职业功能	工作内容	技能要求	相关知识
一、播种前测报	(三)耕种测报	1. 能通过广播、报刊、网络采集中长期气象预报资料 2. 能测定气温、土温 3. 能进村入户采集备耕播种情况和良种使用率信息 4. 能采集土地耕、耙及播种进度信息 5. 能分清低温、雨、雪、冰冻、旱涝等自然灾害类型	1. 气温、地温相关知识 2. 土壤墒情知识 3. 农业整地知识 4. 低温、雨、雪、冰冻、旱涝等自然灾害危害程度知识
二、栽培管理测报	(一)苗期测报	1. 能采用对角线法选点 2. 能在田间采用五点取样方法设置样方并计算出苗率和出苗整齐度 3. 能在田间用等距取样法设置样方并计算出苗率和出苗整齐度 4. 能测定当地主要农作物壮苗、死苗率	1. 样本的设置方法 2. 幼苗田间管理知识 3. 苗情诊断知识 4. 出苗率和出苗整齐度计算方法 5. 未出苗面积、补种面积计算方法
	(二)生长发育期测报	1. 能根据成苗形态识别主要粮食作物种类 2. 能根据成苗形态识别主要油料作物种类 3. 能根据成苗形态识别主要经济作物种类 4. 能测定作物株高、叶幅、柄径等形态指标	1. 粮食作物种类知识 2. 油料作物种类知识 3. 经济作物种类知识 4. 常用测量工具的使用

（续）

职业功能	工作内容	技能要求	相关知识
三、病虫害测报	（一）田间调查	1. 能识别当地农作物常见病、虫、草、鼠害和天敌 20 种以上 2. 能进行当地常见病虫害发生情况调查	1. 常见病害的症状特征 2. 常见害虫的形态特征 3. 主要杂草及鼠类的识别知识 4. 田间调查方法
	（二）整理数据	1. 能对病、虫、草、鼠分类记载数据 2. 能进行百分率、平均数等的计算 3. 能编制统计图表	1. 百分率的计算方法 2. 平均数的计算方法 3. 主要病虫的防治指标 4. 昆虫的世代和发育进度知识
	（三）预测分析	1. 能查寻病虫发生信息 2. 能根据气候条件、虫口密度、病情指数等确定防治适期和防治田块	
四、产量测报	（一）田间调查	1. 能对当地种植的主要作物种类、品种、面积进行统计 2. 能对种植的作物进行测产调查	1. 作物种类及生长发育规律知识 2. 作物产量构成知识 3. 作物田间产量调查取样知识 4. 各种作物单产、总产计算知识
	（二）整理数据	1. 能对样本点进行测产 2. 能对调查的数据进行整理、计算	
五、收获进度预报	（一）田间调查	1. 能根据作物长势长相，判定收获适期 2. 能调查收获区劳动力数量及收获机械的种类、数量、性能及工作效率	1. 作物栽培学知识 2. 作物收获机械知识
	（二）进度预报	能根据劳动力及机械工作效率预报收获进度	

3.2 技师

职业功能	工作内容	技能要求	相关知识
一、播前测报	(一)种植意向测报	1. 能查询当地优势产业规划或计划 2. 能按照统计学要求设置村户调查点 3. 能分析种植意向调查数据 4. 能编写高级工培训讲义	培训方案及讲义编制方法
	(二)农资准备测报	1. 能识别当地主要油料及经济作物品种以及其包装标签标识2~3种 2. 能测算种子、化肥、农药等农资投入总需求 3. 能通过水电等部门采集农业水电供给准备情况	1. 种子解剖学知识 2. 农药主要成分及其作用知识 3. 肥料主要成分及其作用知识
	(三)耕种测报	1. 能在野外用手判断土壤墒情 2. 能判断低温、雨、雪、冰冻、旱涝等自然灾害受灾程度 3. 能进行缺墒和严重缺墒面积计算 4. 能进行复种面积统计和计算	1. 自然灾害等级划分知识 2.《气象干旱等级》国家标准规范 3.《农田土壤墒情监测技术规范》 4. 播种量计算方法
二、栽培管理测报	(一)苗期测报	1. 能测定作物单株干重 2. 能进行土壤温度、湿度、光照度等基本农田小气候要素监测 3. 能进行受灾面积计算 4. 能进行缺垄断苗面积计算 5. 能进行补种面积计算	1. 土壤含水量测定方法 2. 烘箱使用知识 3. 天平使用知识 4. 苗情诊断知识

（续）

职业功能	工作内容	技能要求	相关知识
二、栽培管理测报	（二）生长发育期测报	1. 能判定主要作物生长发育期 2. 能判定主要作物温度敏感期、养分敏感期、水分敏感期	1. 作物生长发育知识 2. 作物生长发育敏感因子知识
三、病虫害测报	（一）田间调查	1. 识别当地主要病、虫、草、鼠害和天敌 25 种以上 2. 能进行主要病、虫、草、鼠害发生情况及防治情况调查	1. 主要病害的发生规律 2. 主要害虫的发生规律 3. 主要杂草及鼠类发生规律 4. 虫口密度、病情指数、羽化率等的计算方法 5. 发生面积的计算方法 6. 防治面积的计算方法
三、病虫害测报	（二）整理数据	1. 能记载与病、虫害有关的调查项目 2. 能进行虫口密度、病情指数、羽化率等常规计算 3. 能整理归纳病虫调查数据及相关气象资料	
三、病虫害测报	（三）预测分析	1. 能对当地病、虫发生动态作出初步判断 2. 能用综合分析方法对主要病虫作出短期预测	同上 1～6。
四、产量测报	（一）田间调查	1. 能根据作物长势确定不同种类（一、二、三类）田块面积 2. 能对作物一、二、三类田块进行测产调查	1. 作物种类及生长发育规律知识 2. 作物产量构成知识 3. 作物田间产量调查取样知识

(续)

职业功能	工作内容	技能要求	相关知识
四、产量测报	(二)整理数据	能对调查的作物品种按一、二、三类田块进行加权平均,计算出作物单产、总产	1. 平均数、加权平均数、百分率的计算方法 2. 作物单产、总产计算知识
	(三)预报产量	能根据测产调查结果,结合作物生长期间气候条件、田间管理情况预报作物产量	1. 气候条件对作物产量的影响知识 2. 病、虫、草、鼠害发生情况对作物产量的影响知识 3. 土壤肥水条件对作物产量的影响知识 4. 田间管理对作物产量的影响知识
五、收获进度预报	(一)田间调查	1. 能调查务农劳动力结构及效率 2. 能根据作物长势长相,判定作物收获时期	1. 作物成熟收获期知识 2. 作物长势长相知识 3. 作物收获机械知识
	(二)进度预报	能根据收获机械的种类、数量、性能,判定机具效率	

3.3 高级技师

职业功能	工作内容	技能要求	相关知识
一、播前测报	(一)种植意向测报	1. 能撰写种植意向调查分析报告 2. 能编写技师培训讲义	调查报告写作知识

（续）

职业功能	工作内容	技能要求	相关知识
一、播前测报	(二)农资准备测报	1. 能对农资贷款、农资供给、水电供给等信息汇总并分析 2. 能撰写农资供给、需求分析报告	用 excel 进行数据分析知识
	(三)耕种测报	1. 能判断土壤结构 2. 能针对自然灾害发生情况提出抗灾救灾措施	1. 土壤结构知识 2. 农业救灾减灾知识
二、栽培管理测报	(一)苗期测报	1. 能按照省级标准界定一、二、三类苗 2. 能针对作物苗期生长情况提出管理意见	1. 植株长势与调控措施相关知识 2. 一、二、三类苗界定标准知识
	(二)生长发育期测报	能够根据作物生育特性及阶段生长特点制订调控方案	
三、病虫害测报	(一)田间调查	1. 能对当地主要病、虫进行系统调查 2. 能安装、使用、维护常用观测器具	1. 病、虫测报调查规范 2. 观测器具的使用方法和注意事项 3. 病、虫害发生条件
	(二)预测分析	1. 能整理归纳病、虫调查数据及相关气象资料 2. 能对主要病、虫害进行数理统计分析 3. 能使用综合分析方法对主要病虫作出中期预测	
四、产量测报	(一)田间调查	1. 能在作物生长发育的关键时期调查作物长势，确定作物一、二、三类田块面积 2. 能对作物一、二、三类田块进行测产调查	1. 作物种类及生长发育规律知识 2. 作物产量构成知识 3. 作物田间产量调查取样知识

（续）

职业功能	工作内容	技能要求	相关知识
四、产量测报	(二)整理数据	1. 能综合统计不同生育期作物长势 2. 能对汇总数据进行复核审核	
	(三)预报产量	能根据作物整齐度及产量构成因素[每亩穗数、每穗粒数、千粒重、结实率、株高整齐度、单株(穗)重、穗长整齐度]进行产量相关分析	1. 综合生产管理因子对产量的影响知识 2. 风险管理知识
五、收获进度预报	(一)田间调查	能根据作物生长发育的关键时期,调查作物长势长相,确定作物成熟度和收获期	1. 作物成熟收获期知识 2. 作物长势长相知识 3. 作物收获机械知识
	(二)进度预报	1. 能根据劳动力和效率判定收获进度 2. 能根据机具种类、数量、效率,判定作物一、二、三类田块的收获进度	加权平均数计算法

4　比　重　表

4.1　理论知识

项　　目		高级(%)	技师(%)	高级技师(%)
基本要求	职业道德	5	5	5
	基础知识	15	10	5

（续）

项　目		高级 （%）	技师 （%）	高级技师 （%）
相关知识	种植意向测报	10	5	5
	农资准备测报	15	15	10
	耕种测报	10	15	15
	苗期测报	10	15	15
	生长发育期测报	10	10	15
	病虫害测报	15	15	15
	产量测报	5	5	5
	收获进度预报	5	5	10
合　计		100	100	100

4.2　技能操作

项　目		高级 （%）	技师 （%）	高级技师 （%）
相关知识	种植意向测报	10	5	5
	农资准备测报	15	10	5
	耕种测报	10	10	10
	苗期测报	20	20	20
	生长发育期测报	20	20	20
	病虫害测报	15	20	20
	产量测报	5	10	10
	收获进度预报	5	5	10
合　计		100	100	100

第二部分

农业行业标准

农资营销员

1 范　围

本标准规定了农资营销员职业的术语和定义、职业的基本要求和工作要求。

本标准适用于农资营销人员的职业技能鉴定。

2　术语和定义

下列术语和定义适用于本标准。

2.1　农资营销员

从事种子、农药、肥料、农用塑料制品的销售及咨询服务的人员。

3　职业概况

3.1　职业等级

本职业共设三个等级,分别为农资营销员(国家职业资格五级)、农资营销师(国家职业资格四级)、高级农资营销师(国家职业资格三级)。

3.2 职业环境

室内、外,常温,有毒、有害。

3.3 职业能力特征

身体健康、智力及色、味、嗅、听等感官正常,具有较好的观察、分析、判断能力,手指、手臂灵活,动作协调。具有一定的计算、文字、口头表达能力。

3.4 基本文化程度

初中毕业。

3.5 培训要求

3.5.1 培训期限

全日制职业学校教育,根据其培养目标和教学计划确定。晋级培训期限:初级不少于 200 标准学时;中级不少于 180 标准学时;高级不少于 160 标准学时。

3.5.2 培训教师

培训初级、中级的教师应具备本职业高级职业资格证书或相关专业中级以上专业技术职务任职资格;培训高级的教师应具备相关专业高级以上专业技术职务任职资格。

3.5.3 培训场地与设备

满足教学要求的标准教室及必备的教学、实验设备,实践场地及必要的器具、材料、标本。

3.6　鉴定要求

3.6.1　适用对象

从事或准备从事本职业的人员。

3.6.2　申报条件

——初级（具备下述条件之一者）：

1）　经本职业初级正规培训达规定标准学时数，并取得结业证书。

2）　在本职业连续工作3年以上。

3）　取得农业（中等）学校毕业证书，见习2年以上。

——中级（具备下述条件之一者）：

1）　取得本职业初级职业资格证书后，连续从事本职业工作2年以上，经本职业中级正规培训达规定标准学时数，并取得结业证书。

2）　连续从事本职业工作6年以上。

3）　取得农业专科学校毕业证书，工作2年以上。

4）　取得经劳动保障行政部门审核认定的，以中级技能为培养目标的中等以上职业学校职业（专业）毕业证书。

——高级（具备下述条件之一者）

1）　取得本职业中级职业资格证书后，连续从事本职业工作3年以上，经本职业高级正规定培训达规定标准学时数，并取得结业证书。

2）　取得本职业中级职业资格证书后，连续从事本职业工作5年以上。

3）　取得农业院校本科毕业证书，连续从事本职业工作2年以上。

4) 取得高级技工学校或经劳动保障行政部门审核认定的、以高级技能为培养目标的高等职业学校本职业(专业)毕业证书。

5) 连续从事本职业工作 8 年以上。

3.6.3 鉴定方式

分为理论知识考试和技能操作考核。理论知识采用闭卷笔试方式,技能操作考核采用现场实际操作方式。理论知识考试和技能操作考核均实行百分制,成绩皆达 60 分及以上为合格。

3.6.4 考评人员与考生配比

理论知识考试考评人员与考生配比为 1∶20,每个标准教室不少于 2 名考评人员;技能操作考核考评员与考生配比为1∶10,且不少于 3 名考评员。

3.6.5 鉴定时间

各等级理论知识考试时间不少于 100 分钟;技能操作考核时间不少于 30 分钟。

3.6.6 鉴定场所及设备

理论知识考试在标准教室里进行,技能操作考核在具备必要考核设备的场所进行。

4 基本要求

4.1 职业道德

4.1.1 职业道德基本知识

4.1.2 职业守则

1) 遵纪守法,敬业爱岗。

2) 文明经商,热情服务。

3) 质量为本,诚实守信。

4) 讲求信誉,履行职责。

5) 刻苦钻研,精益求精。

6) 抵制假冒伪劣产品。

7) 公平竞争,公平买卖。

8) 维护企业和顾客的正当利益。

4.2 基础知识

4.2.1 法律法规基本知识

1) 《中华人民共和国农业法》。

2) 《中华人民共和国农业技术推广法》。

3) 《中华人民共和国种子法》。

4) 《中华人民共和国植物新品种保护条例》。

5) 《中华人民共和国经济合同法》。

6) 《中华人民共和国消费者权益保护法》。

7) 《中华人民共和国产品质量法》。

8) 《中华人民共和国农药管理条例》。

9) 《肥料登记、使用管理办法》。

4.2.2 专业基础知识

1) 种子基础知识:

种子生理与品种;

常规作物主要品种介绍;

种子检验与质量鉴别;

种子包装与保管。

2) 农作物病虫草害基础知识:

农业昆虫基本知识;

植物病害基本知识;

常见农田杂草种类及防治方法；

常见鼠害及防治知识。

3) 农药基础知识：

农药的分类及其作用；

常用农药使用技术；

农药安全使用；

无公害农药使用与环境保护；

常用农药的质量鉴别；

农药的贮存与运输。

4) 肥料基础知识：

肥料的种类及其作用；

常用化学肥料使用技术；

常用化学肥料的识别与质量鉴别；

肥料的贮存。

5) 市场营销基础知识：

市场营销的概念；

农资商品的定价原则；

农资商品的营销策略；

农资商品市场信息的收集、分析及市场预测。

4.2.3 安全知识

1) 放火、防爆知识。

2) 防毒安全知识。

3) 防意外事故知识。

4.2.4 卫生与环境保护知识

1) 农药、化肥商品存放场所环境要求。

2) 种子、农药、肥料、农膜仓库垃圾及废弃物处理要求。

5 工作要求

5.1 农资营销员

职业功能	工作内容	技能要求	相关知识
一、服务顾客	(一)接洽顾客	1. 能用常规礼貌用语接待顾客 2. 能与顾客顺利交流,询问顾客需求 3. 能发现潜在顾客	1. 社交礼仪知识 2. 着装知识 3. 心理学基础知识
	(二)服务顾客	1. 能主动热情为顾客服务 2. 能为顾客包装分销及零售产品 3. 能采取针对性措施提高服务质量	1. 包装要求 2. 农资商品安全知识 3. 商业服务规范
二、商品推介	(一)识别农资商品	1. 能根据商品名称或包装识别不同农药的商品种类 2. 能根据包装或种子外观特征识别不同作物种子 3. 能根据包装颜色、气味等物理性特征识别不同肥料及植物营养素的种类 4. 能识别地膜、棚膜、遮阳网等农用塑料商品	1. 农药基本知识 2. 种子基本知识 3. 肥料基本知识 4. 植物营养素基本知识 5. 农用塑料基本知识
	(二)介绍农资商品	1. 能介绍常用农资商品的作用 2. 能介绍常用农资商品的使用方法	1. 农资商品的介绍方法 2. 常用农资商品的使用方法

（续）

职业功能	工作内容	技能要求	相关知识
三、商品销售	(一)销售准备	1. 能清洁整理农资销售场所 2. 能准备销售商品 3. 能清点所销售商品的库存 4. 能给出合适的报价 5. 能准备预约销售	1. 农资商品销售前管理规程 2. 寻找顾客的方法 3. 预约顾客的方法 4. 把握顾客的方法 5. 报价的原则 6. 库存清理和记录方法
	(二)销售实施	1. 能够进行现场货款结算并进行核对 2. 能根据销售凭证核发农资商品 3. 能根据销售合同核对应收、应付款 4. 能进行应收款的结算	1. 有效票据审核方法 2. 应收账款的统计方法 3. 货款的清欠策略与技巧
	(三)销售分析	1. 能够记录所营销农资商品的种类、规格、数量、价格、金额 2. 能够根据农资商品销售结果分析销售结构比例	销售记录填写方法
四、商品保管	(一)农资商品的陈列	1. 能够按照不同农资商品的不同种类及特性进行分类 2. 能够按照不同农资商品的分类和特性陈列摆放农资商品	1. 不同农资商品的分类知识 2. 商品陈列摆放的方法与技巧 3. 农药、肥料、种子和农用塑料陈列的特殊要求

（续）

职业功能	工作内容	技能要求	相关知识
四、商品保管	(二)农资商品的日常保管	1. 能够按照农资商品使用有效期进行保管 2. 能够根据不同农资商品的预期销售数量和销售周期进行保管 3. 能够按照不同农资商品的验收要求验收农资商品和入库 4. 能按照不同农资商品的特殊要求进行库存管理	1. 商品保管的基本知识 2. 不同农资商品的销售周期 3. 农资商品销售数量与库存周转量计算方法 4. 农资商品出入库管理方法

5.2　农资营销师

职业功能	工作内容	技能要求	相关知识
一、服务顾客	(一)咨询服务	1. 能热情接待顾客咨询并做好记录 2. 能介绍不同农资商品的特点、使用方法和注意方法 3. 能介绍同类农资商品不同品种之间的区别 4. 能介绍农资新商品的特点和区别	咨询服务的基本知识
	(二)投诉处理	1. 能认真接待投诉并做好投诉 2. 能分析顾客投诉的原因并进行反馈 3. 能按照顾客投诉内容提出处理意见 4. 能处理顾客的常见异议	投诉处理的策略和技巧

（续）

职业功能	工作内容	技能要求	相关知识
二、商品推介与应用	（一）识别与分类	1. 能看懂农资商品的产品标示 2. 能根据商品外观、包装、标示辨别假冒伪劣产品 3. 能辨别农资商品的商品名称及专业名称	1. 常用农资商品包装标识要求 2. 农资商品分类知识
	（二）商品介绍	1. 能按照顾客需要介绍不同农资商品的特点 2. 能帮助顾客选择合适的农资商品	常用农资商品的特性
	（三）农资应用技术服务	1. 能根据不同种子的特性指导顾客适时、适量播种及播种方法 2. 能根据不同农药的特性指导顾客合理用药 3. 能根据不同肥料的特性指导顾客科学施肥 4. 能根据不同用途指导农用塑料覆盖技术	1. 种子的选用 2. 农药应用技术 3. 肥料施用技术 4. 农用塑料应用技术
三、商品销售	（一）销售准备	1. 能编制销售计划 2. 能运用促销手段 3. 能提出广告策划	1. 编制销售计划的方法和步骤 2. 广告策划知识 3. 商务谈判的基础知识 4. 信用限度的确定方法 5. 市场调查的内容与方法

（续）

职业功能	工作内容	技能要求	相关知识
三、商品销售	（二）销售实施	1. 能独立拟订产品销售合同 2. 能根据市场信息提出价格调整方案 3. 能根据顾客的反应调整谈判方法 4. 能进行应收账款的计算	1. 销售合同的分类及签订方法 2. 销售过程的记录内容与要求
	（三）销售分析	1. 能整理销售记录并进行分析 2. 能整理分析顾客资料 3. 能运用电脑网络手段分析客户信息	1. 电脑使用基本知识 2. 网络营销的主要知识
四、商品保管	（一）农资商品的日常管理	1. 能根据农资商品的物理、化学变化进行外观检查 2. 能应用规范化用语记录农资商品的质量变化情况	1. 农资商品在一定条件下可发生的物理、化学变化知识 2. 商品质量跟踪记录知识
	（二）不合格农资商品的管理	1. 能根据农资商品的变化发现质量问题 2. 能按照规定处理不合格商品并记录	农资商品退、换程序
五、经济核算	（一）销售核算	1. 能对销售成本进行统计计算 2. 能对销售数据进行计算	1. 销售费用的统计方法 2. 销售数据整理分析方法
	（二）款项核算	1. 能按照合同要求进行款项结算 2. 能对应收款项形成的原因进行分析 3. 能妥善清欠货款	1. 货款结算的方式方法 2. 应收账款的处理原则与技巧

5.3 高级农资营销师

职业功能	工作内容	技能要求	相关知识
一、商品推介与应用	(一)推荐农资商品	1. 能介绍不同农资商品的作用机理 2. 能根据顾客描述的农作物生长状况推荐相应的农资商品 3. 能按照无公害栽培、绿色食品、有机食品生产目的推荐相应的农资商品	1. 植物生理及营养知识 2. 农业化学基本知识 3. 农膜的作用机理 4. 无公害安全食品、绿色食品、有机食品标准
	(二)农资应用技术服务	1. 能根据顾客所购买的种子开展配套栽培技术的指导 2. 能根据顾客反映诊断农药药害并提出对应措施 3. 能根据顾客反映诊断肥料肥害 4. 能开展农用塑料不同覆盖方式的基本栽培技术的指导 5. 能根据不同生产要求指导选用良种、合理用药、科学施肥	1. 作物栽培学 2. 植物保护学 3. 土壤肥料学 4. 农地膜栽培技术 5. 农业节本增效栽培技术 6. 无公害安全农产品生产技术 7. 绿色农产品生产技术 8. 有机农产品生产技术
二、商品营销	(一)市场调研	1. 能设计市场调研方案,完成抽样调查工作 2. 能对调研资料进行分析并提出销售计划 3. 能进行市场预测 4. 能利用网络手段进行市场调研	1. 市场调查知识 2. 市场分析知识

（续）

职业功能	工作内容	技能要求	相关知识
二、商品营销	(二)农资商品促销	1. 能利用多种销售手段促进农资商品销售 2. 能建立销售渠道和协作营销网络 3. 能制定市场促销方案 4. 能够管理农资连锁经营	1. 客户购买心理分析技巧 2. 营销策划知识 3. 商品连锁经营及管理知识 4. 营销知识
	(三)商务谈判	1. 能分析商务谈判成败的原因,并提出相应对策 2. 能分析合同纠纷产生的原因 3. 能解决合同纠纷 4. 能组织大型促销活动的洽谈	1. 谈判技巧 2. 销售策划技巧 3. 合同纠纷处理策略 4. 项目洽谈技巧
三、商品保管	(一)危险农资商品的管理	1. 能够熟悉并分清易沉淀、变质、结块、吸潮、霉变、降解等农资商品的保管要求 2. 能够安全保管剧毒农药 3. 能够保管易爆农资商品 4. 能够安全保管农用塑料	防火、防爆、防毒知识
	(二)废弃危险农资商品的处置	1. 能够按照国家规定处理废弃农资商品 2. 能够按照国家规定处理不合格危险农资商品	环境保护知识
四、经济核算	(一)库存分析	1. 能合理设置安全库存、品种和数量 2. 能够利用通常的分析方法进行库存结构分析	库存管理的方法
	(二)营销分析	1. 能进行农资商品保本保利销售计算 2. 能够分析农资商品的比例、结构,提出优化销售策略	1. 成本分析基本原理 2. 保本保利分析基本知识

（续）

职业功能	工作内容	技能要求	相关知识
五、培训与指导	（一）人员培训	1. 能指导初级、中级营销人员开展工作 2. 能纠正初级、中级营销人员的销售错误 3. 能讲授农业生产资料的理论知识 4. 能讲授主要农作物不同栽培目的的生产技术	1. 编写教案的知识 2. 营销人员能力分析方法 3. 营销人员能力培训技巧 4. 农作物栽培学知识
	（二）营销管理	1. 能对营销人员进行协同管理 2. 能管理顾客的销售数据和顾客档案 3. 能分析评价营销业绩 4. 能进行区域市场管理	1. 营销人员激励和约束技巧与方法 2. 团队建设的知识 3. 市场管理知识 4. 客户分类与管理知识
	（三）使用安全	1. 能根据国内外农产品质量标准提出农资商品的安全使用量 2. 能对违规使用农药、植物生长营养剂、种子的情况提出改进意见	1. 国内外不同农产品不同级次农产品质量标准 2. 生产不同质量农产品对农业生态环境的要求

6　比重表

6.1　理论知识

项　　目		初级（％）	中级（％）	高级（％）	备注
基本要求	职业道德	5	5	5	
	基础知识	35	20	15	

（续）

项　　目		初级 （%）	中级 （%）	高级 （%）	备注
相关 知识	接洽顾客	2	—	—	
	服务顾客	3	—	—	
	接待顾客咨询	—	5	—	
	处理顾客投诉	—	5	—	
	识别农资商品	10	5	—	
	介绍农资商品	5	5	—	
	推荐农资商品	—	—	2	
	农资应用技术服务	—	10	3	
	销售准备	5	2	—	
	销售实施	5	3	—	
	销售分析	10	5	—	
	市场调研	—	—	5	
	农资商品促销	—	—	5	
	商务谈判	—	—	10	
	农资商品的陈列	10	—	—	
	农资商品的日常管理	10	5	—	
	不合格农资商品的管理	—	10	—	
	危险农资商品的保管	—	—	10	
	废弃危险农资商品的处置	—	—	10	
	销售核算	—	10	—	
	款项核算	—	10	—	
	库存分析	—	—	5	

（续）

项 目		初级 （%）	中级 （%）	高级 （%）	备注
相关 知识	营销分析	—	—	5	
	人员培训	—	—	10	
	营销管理	—	—	10	
	安全使用	—	—	10	
合 计		100	100	100	

6.2 技能操作

项 目		初级 （%）	中级 （%）	高级 （%）	备注
技能 要求	接洽顾客	5	—	—	
	服务顾客	5	—	—	
	接待顾客咨询	—	5	—	
	处理顾客投诉	—	5	—	
	识别农资商品	15	10	—	
	介绍农资商品	10	10	—	
	推荐农资商品	—	—	2	
	农资应用技术服务	—	20	3	
	销售准备	5	2	—	
	销售实施	10	3	—	
	销售分析	10	5	—	
	市场调研	—	—	10	
	农资商品促销	—		10	

（续）

项　目		初级 （%）	中级 （%）	高级 （%）	备注
技能 要求	商务谈判	—	—	10	
	农资商品的陈列	20	—	—	
	农资商品的日常管理	20	15	—	
	不合格农资商品的管理	—	15	—	
	危险农资商品的保管	—	—	15	
	销售核算	—	10	—	
	款项核算	—	10	—	
	库存分析	—	—	10	
	营销分析	—	—	10	
	人员培训	—	—	10	
	营销管理	—	—	10	
	使用安全	—	—	10	
合　计		100	100	100	

农产品质量安全检测员

1 职业概况

1.1 职业名称

农产品质量安全检测员。

1.2 职业定义

使用检测仪器设备,运用物理、化学以及生物学的方法,对农产品质量安全进行检测的人员。

1.3 职业等级

本职业共设 5 个等级,分别为初级农产品质量安全检测员(国家职业资格五级)、中级农产品质量安全检测员(国家职业资格四级)、高级农产品质量安全检测员(国家职业资格三级)、农产品质量安全检测师(国家职业资格二级)、高级农产品质量安全检测师(国家职业资格一级)。

1.4 职业环境条件

室内、常温。

1.5 职业能力特征

具有一定的学习、计算、表达、分析和判断能力;形体知觉、嗅觉、色觉正常;手指、手臂灵活,动作协调。

1.6 基本文化程度

高中毕业(或同等学力)。

1.7 培训要求

1.7.1 培训期限

全日制职业学校教育,根据其培养目标和教学计划确定。晋级培训期限:初级农产品质量安全检测员不少于 160 标准学时;中级农产品质量安全检测员不少于 120 标准学时;高级农产品质量安全检测员不少于 100 标准学时;农产品质量安全检测师不少于 80 标准学时;高级农产品质量安全检测师不少于 60 标准学时。

1.7.2 培训教师

培训初级农产品质量安全检测员的教师应具有本职业农产品质量安全检测师职业资格证书或相关专业中级以上技术职务任职资格;培训中、高级农产品质量安全检测员的教师应具有本职业农产品质量安全检测师职业资格证书 2 年以上或相关专业中级及以上技术职务任职资格;培训农产品质量安全检测师的教师应具有本职业高级农产品质量安全检测师职业资格证书或相关专业高级专业技术职务任职资格;培训高级农产品质量安全检测师的教师应具有本职业高级农产品质量安全检测师职业资格证书 2 年以上或相关专业高级专业技术职务任职资格。

1.7.3　培训场地设备

理化知识培训应在具备多媒体教学设备的教学场所；操作技能培训应在具备相应检测仪器设备的实验场所。

1.8　鉴定要求

1.8.1　适用对象

从事或准备从事本职业的人员。

1.8.2　申报条件

a)　初级农产品质量安全检测员（具备以下条件之一者）：

1)经本职业五级/初级技能正规培训达到规定标准学时数，并取得结业证书；

2)连续从事本职业工作1年以上；

3)本职业学徒期满。

b)　中级农产品质量安全检测员（具备以下条件之一者）：

1)取得本职业五级/初级技能职业资格证书后，连续从事本职业工作3年以上，经本职业四级/中级技能正规培训达到规定标准学时数，并取得结业证书；

2)取得本职业五级/初级技能职业资格证书后，连续从事本职业工作4年以上；

3)连续从事本职业工作6年以上；

4)取得技工学校毕业证书；或取得经人力资源和社会保障部门审核认定、以中级技能为培养目标的中等及以上职业学校本专业毕业证书（含尚未取得毕业证书的在校应届毕业生）。

c)　高级农产品质量安全检测员（具备以下条件之一者）：

1)取得本职业四级/中级技能职业资格证书后，连续从事本职业工作4年以上，经本职业三级/高级技能正规培训达到规定

标准学时数,并取得结业证书;

2)取得本职业四级/中级技能职业资格证书后,连续从事本职业工作 5 年以上;

3)取得四级/中级技能职业资格证书,并具有高级技工学校、技师学院毕业证书;或取得四级/中级技能职业资格证书,并经人力资源和社会保障行政部门审核认定、以高级技能为培养目标、具有高等职业学校本专业毕业证书(含尚未取得毕业证书的在校应届毕业生);

4)具有大专及以上本专业或相关专业毕业证书,并取得本职业四级/中级技能职业资格证书,连续从事本职业工作 2 年以上。

d) 农产品质量安全检测师(具备以下条件之一者):

1)取得本职业三级/高级技能职业资格证书后,连续从事本职业工作 3 年以上,经本职业二级/农产品质量安全检测师正规培训达到规定标准学时数,并取得结业证书;

2)取得本职业三级/高级技能职业资格证书后,连续从事本职业工作 4 年以上;

3)取得本职业三级/高级技能职业资格证书的高级技工学校、技师学院本专业毕业生,连续从事本职业工作 3 年以上;取得预备技师证书的技师学院毕业生连续从事本职业工作 2 年以上。

e) 高级农产品质量安全检测师(具备以下条件之一者):

1)取得本职业二级/农产品质量安全检测师职业资格证书后,连续从事本职业工作 4 年以上,经本职业一级/高级农产品质量安全检测师正规培训达到规定标准学时数,并取得结业证书;

2)取得本职业二级/农产品质量安全检测师职业资格证书后,连续从事本职业工作 5 年以上。

1.8.3 鉴定方式

分为理论知识考试和技能操作考核。理论知识考试以纸笔考试为主，主要考核从业人员从事本职业应掌握的基本要求和相关知识要求；操作技能考核主要采用现场操作、模拟操作等方式进行，主要考核从业人员从事本职业应具备的职业能力水平；综合评审主要针对农产品质量安全检测师和高级农产品质量安全检测师，通常采取审阅申报材料、论文答辩等方式进行全面评议和审查。

理论知识考试和操作技能考核均实行百分制，成绩皆达 60 分及以上者为合格。

1.8.4　考评人员与考生配比

理论知识考试考评人员与考生配比为 1∶15，每个标准教室不少于 2 名考评人员；技能操作考核考评员与考生配比为1∶5，且不少于 3 名考评员；综合评审委员不少于 5 人。

1.8.5　鉴定时间

理论知识考试时间不少于 90 分钟；技能操作考核时间技能操作考核不少于 120 分钟；综合评审时间不少于 30 分钟。

1.8.6　鉴定场所设备

理论知识考试在标准教室进行；技能操作考核在具备相关检测器材的实验场所进行；综合评审在室内进行，室内配备必要的多媒体设备。

2　基本要求

2.1　职业道德

2.1.1　职业道德基本知识

2.1.2　职业守则

a)遵纪守法，客观公正。

b)爱岗敬业,恪尽职守。

c)钻研技术,规范操作

d)热情服务,团结协作。

2.2　基础知识

2.2.1　专业基础知识

a)无机化学基本术语。

b)分析化学基本术语。

c)有机化学基本术语。

d)农产品种类。

e)农药的基本分类。

f)农、兽药的来源及危害。

g)禁用农兽药的种类。

h)污染物的分类。

i)污染物的来源及危害。

j)样品的采集、制备的基本知识。

2.2.2　安全基础知识

a)实验室安全操作知识。

b)实验室用电及消防常识。

c)自我安全防护及救助知识。

2.2.3　相关法律、法规知识

a)《中华人民共和国农产品质量安全法》的相关知识。

b)《中华人民共和国食品安全法》的相关知识。

c)《中华人民共和国标准化法》的相关知识。

d)《中华人民共和国计量法》的相关知识。

e)国家有关部门出台的相关政策和规定。

3 工作要求

本标准对初级农产品质量安全检测员、中级农产品质量安全检测员、高级农产品质量安全检测员、农产品质量安全检测师和高级农产品质量安全检测师的技能要求依次递进,高级别涵盖低级别的要求。

3.1 初级农产品质量安全检测员

职业功能	工作内容	技能要求	相关知识
1 检测前准备	1.1 样品采集与制备	1.1.1 能准备采样器具 1.1.2 能采集检测用样品 1.1.3 能填写样品标签和样品记录表	1.1.1 采样器具的基本知识 1.1.2 采样的基本原则 1.1.3 快速检测样品要求
	1.2 试剂准备	1.2.1 能使用天平进行样品称量 1.2.2 能配制农兽药快速检测所需溶液 1.2.3 能准备农兽药、污染物速测产品和速测仪	1.2.1 天平的使用知识 1.2.2 容量瓶、移液枪和滴管使用的基础知识 1.2.3 溶液配制的基础知识
2 试样测定	2.1 农兽药残留测定	2.1.1 能使用速测仪测定农产品中的农药残留 2.1.2 能使用速测产品测定农产品中的兽药残留	2.1.1 农药残留速测仪的使用知识 2.1.2 农药残留速测卡的使用知识 2.1.3 兽药残留速测产品的分类 2.1.4 兽药残留速测产品使用知识

（续）

职业功能	工作内容	技能要求	相关知识
2 试样测定	2.2　污染物测定	2.2.1　能使用速测仪测定农产品中的污染物 2.2.2　能使用速测产品测定农产品中的污染物	2.2.1　污染物速测仪的分类 2.2.2　污染物速测仪使用知识 2.2.3　污染物速测产品的分类 2.2.4　污染物速测产品使用知识
3 结果记录及数据处理	3.1　结果记录	3.1.1　能记录所测定的原始数据 3.1.2　能计算速测的检测结果	3.1.1　检验原始记录的填写要求和规定 3.1.2　数据计算的一般知识
	3.2　数据处理	3.2.1　能根据速测结果作出判定 3.2.2　能出具速测的结果报告	3.2.1　速测结果判定的基础知识 3.2.2　检测报告的相关概念及填写知识
4 实验室安全卫生管理及仪器设备维护	4.1　实验室安全卫生管理	4.1.1　能对快速检测后的废弃物进行安全处理 4.1.2　能对实验台和实验场所进行整理 4.1.3　能洗涤干燥容量瓶、烧杯和滴管等	4.1.1　实验室安全知识 4.1.2　实验室卫生管理知识 4.1.3　常用玻璃器皿的洗涤、干燥等相关知识
	4.2　仪器设备维护	4.2.1　能对天平进行常规维护 4.2.2　能对农药残留速测仪进行维护 4.2.3　能对酶标仪进行维护	4.2.1　天平的维护知识 4.2.2　农药残留速测仪的维护知识 4.2.3　污染物速测仪进行维护知识

3.2　中级农产品质量安全检测员

职业功能	工作内容	技能要求	相关知识
1 检测前准备	1.1　样品采集与制备	1.1.1　能根据采样方案进行采样 1.1.2　能对样品进行烘干、粉碎和匀浆等操作	1.1.1　采样的相关知识 1.1.2　样品制备的相关知识 1.1.3　样品保存知识 1.1.4　制样的一般方法
	1.2　试剂准备	1.2.1　能识别药品和试剂等级并进行分类 1.2.2　能保管不同等级药品及试剂 1.2.3　能配制农兽药和污染物标准溶液、酸碱溶液和缓冲溶液	1.2.1　常用化学试剂的种类、分级、安全使用等相关知识 1.2.2　蒸馏水制作知识 1.2.3　移液管的相关知识 1.2.4　缓冲溶液的概念及基本性质 1.2.5　农兽药和污染物标准溶液的存储、配制相关知识
2 试样测定	2.1　农兽药残留测定	2.1.1　能对测定农兽药残留的样品进行前处理 2.1.2　能进行气相、液相色谱仪的上机前准备 2.1.3　能使用气相、液相色谱仪测定20种以上农药残留 2.1.4　能使用气相、液相色谱仪测定15种兽药残留	2.1.1　农兽药残留检测样品前处理基础知识 2.1.2　分散机、高速离心机、固相萃取仪、氮吹仪、旋转蒸发仪等农兽药残留样品前处理仪器的使用知识 2.1.3　气相、液相色谱仪的基本原理及使用知识 2.1.4　气体钢瓶、氢气发生器的安全使用知识

（续）

职业功能	工作内容	技能要求	相关知识
2 试样测定	2.2 污染物测定	2.2.1 能对测定污染物的样品进行前处理 2.2.2 能进行原子吸收分光光度计的上机前准备 2.2.3 能使用原子吸收分光光度计测定污染物	2.2.1 污染物检测样品前处理基础知识 2.2.2 微波消解仪、马弗炉、加热板等污染物样品前处理仪器的使用知识 2.2.3 原子吸收分光光度计的基本原理及使用知识 2.2.4 乙炔、氩气钢瓶的安全使用知识
3 结果记录及数据处理	3.1 结果记录	3.1.1 能根据气相、液相色谱仪的图谱记录数据 3.1.2 能对气相、液相色谱仪的图谱进行定性分析 3.1.3 能记录气相、液相色谱仪的分析条件 3.1.4 能记录原子吸收分光光度计测定的数据	3.1.1 检验原始记录的正确填写要求和规定 3.1.2 环境及仪器相关参数 3.1.3 色谱分离条件基础知识 3.1.4 气相、液相色谱仪的图谱的定性分析相关知识 3.1.5 统计计算器的使用知识 3.1.6 常用办公软件的使用知识

（续）

职业功能	工作内容	技能要求	相关知识
3 结果记录及数据处理	3.2 数据处理	3.2.1 能运用有效数字运算法则对原始数据进行计算 3.2.2 能计算相对相差和相对平均偏差 3.2.3 能根据气相、液相色谱仪的图谱进行定量分析 3.2.4 能根据原子吸收分光光度计标准曲线进行定量计算	3.2.1 有效数字相关知识 3.2.2 误差的基本概念 3.2.3 相对相差、相对平均偏差的计算方法 3.2.4 气相、液相色谱仪图谱的内标法、外标法定量分析相关知识 3.2.5 原子吸收分光光度计的定量计算相关知识
4 实验室安全卫生管理及仪器设备维护	4.1 实验室安全卫生管理	4.1.1 能对农兽药前处理的废弃物进行安全回收 4.1.2 能对污染物前处理的废弃物进行安全回收 4.1.3 能使用常用灭火装置 4.1.4 能安全使用微波消解仪	4.1.1 常规试剂处理常识 4.1.2 实验室废弃物处理知识 4.1.3 常用灭火装置的相关知识 4.1.4 微波消解仪使用安全知识
	4.2 仪器设备维护	4.2.1 能够对气相和液相色谱仪、原子吸收分光光度计等仪器进行常规维护 4.2.2 能够对样品前处理仪器进行常规维护	4.2.1 气相和液相色谱仪、原子吸收分光光度计等仪器的维护知识 4.2.2 农兽药样品前处理仪器的维护知识 4.2.3 污染物样品前处理仪器的维护知识

3.3 高级农产品质量安全检测员

职业功能	工作内容	技能要求	相关知识
1 检测前准备	1.1 样品采集与制备	1.1.1 能保管和使用易燃、易爆、腐蚀性、挥发性、剧毒性化学药品和试剂 1.1.2 能制订样品采集方案 1.1.3 能设计样品采集记录单 1.1.4 能采集、保存和制备测定的微生物样品	1.1.1 易燃、易爆、腐蚀性、挥发性、剧毒性化学药品和试剂的种类、安全使用及保管的相关知识 1.1.2 采样方案制订的相关知识 1.1.3 测定微生物的样品的制备、保存知识
	1.2 试剂准备	1.2.1 培养基的制备 1.2.2 能进行器皿的无菌操作	1.2.1 培养基的基本概念及种类 1.2.2 培养基的配制知识 1.2.3 微生物检测器皿的灭菌知识
2 试样测定	2.1 农兽药残留测定	2.1.1 能进行气相—质谱仪上机前准备 2.1.2 能使用气相—质谱仪定性定量测定 50 种以上农药残留	2.1.1 所测农兽药的性质、危害及功能 2.1.2 气相—质谱仪的原理及使用知识
	2.2 污染物测定	2.2.1 能进行原子荧光分光光度计的上机前准备 2.2.2 能使用原子荧光分光光度计测定污染物	2.2.1 所测污染物的来源、性质和危害 2.2.2 原子荧光分光光度计的原理及使用知识
	2.3 微生物测定	2.3.1 能对测定指示微生物的样品进行前处理 2.3.2 能对指示微生物进行测定	2.3.1 微生物基础知识 2.3.2 无菌操作知识 2.3.3 菌落总数、大肠菌群测定知识

（续）

职业功能	工作内容	技能要求	相关知识
3 结果记录及数据处理	3.1 结果记录	3.1.1 能根据气相—质谱仪的图谱记录数据 3.1.2 能对质谱仪的图谱进行定性分析 3.1.3 能记录原子荧光分光光度计测定的数据	3.1.1 气相—质谱仪图谱的基础知识分析知识 3.1.2 气相—质谱仪图谱定性分析知识 3.1.3 原子荧光分光光度计的数据分析知识
	3.2 数据处理	3.2.1 能根据气相—质谱仪的图谱进行定量分析 3.2.2 能根据原子荧光分光光度计标准曲线进行定量计算	3.2.1 气相—质谱仪的图谱定量分析知识 3.2.2 原子荧光分光光度法基础知识
4 实验室安全卫生管理及仪器设备维护	4.1 实验室安全卫生管理	4.1.1 能使用特殊灭火装置对大型仪器进行灭火 4.1.2 能对易燃、易爆、腐蚀性、挥发性、剧毒性化学药品和试剂安全回收	4.1.1 对大型仪器的特殊灭火知识 4.1.2 易燃、易爆、腐蚀性、挥发性、剧毒性化学药品和试剂安全回收知识
	4.2 仪器设备维护	4.2.1 能够对气相—质谱仪、原子荧光分光光度计等仪器进行常规维护 4.2.2 能够对微生物检测的设备进行常规维护	4.2.1 气相—质谱仪、原子荧光分光光度计等仪器维护知识 4.2.2 微生物检测设备的消毒处理知识

3.4　农产品质量安全检测师

职业功能	工作内容	技能要求	相关知识
1 试样测定	1.1　农兽药残留测定	1.1.1　能进行气相—质谱—质谱仪的上机前准备 1.1.2　能使用气相—质谱—质谱仪测定100种以上农药残留	1.1.1　气相—质谱—质谱仪测定对样品的要求 1.1.2　气相—质谱—质谱仪的原理及使用知识 1.1.3　气相—质谱—质谱仪气体钢瓶的安全使用知识
	1.2　污染物测定	1.2.1　能进行电感耦合等离子体的上机前准备 1.2.2　能使用电感耦合等离子体测定污染物	1.2.1　电感耦合等离子体可测的污染物种类 1.2.2　电感耦合等离子体的原理及使用知识
2 结果记录及数据处理	2.1　结果记录	2.1.1　能根据气相—质谱—质谱仪的图谱记录数据 2.1.2　能对气相—质谱—质谱仪的图谱进行定性分析 2.1.3　能记录电感耦合等离子体测定的数据	2.1.1　农兽药的特征图谱知识 2.1.2　气相—质谱—质谱仪的图谱定性分析知识 2.1.3　电感耦合等离子体数据记录知识
	2.2　数据处理	2.2.1　能根据气相—质谱—质谱仪的图谱进行定量分析 2.2.2　能根据气相—质谱—质谱仪的图谱进行样品组分确认 2.2.3　能根据电感耦合等离子体标准曲线进行定量计算	2.2.1　气相—质谱—质谱仪的定量分析知识 2.2.2　农兽药组分确认知识 2.2.3　电感耦合等离子体分析法数据计算知识

（续）

职业功能	工作内容	技能要求	相关知识
3 实验室安全卫生管理及仪器设备维护	3.1 实验室安全卫生管理	3.1.1 能制定实验室安全管理制度 3.1.2 能对实验室安全卫生进行监督管理	3.1.1 实验室安全管理的相关知识 3.1.2 实验室卫生管理的相关知识
	3.2 仪器设备维护	3.2.1 能够对气相—质谱—质谱仪进行常规维护 3.2.2 能够对电感耦合等离子体进行常规维护	3.2.1 气相—质谱—质谱仪维护知识 3.2.2 电感耦合等离子体的维护知识
4 技术培训与指导	4.1 技术培训	4.1.1 能对高级农产品质量安全检测员及以下人员进行理论培训 4.1.2 能对高级农产品质量安全检测员及以下人员进行技能培训	4.1.1 理论培训相关知识 4.1.2 技能培训相关知识
	4.2 技术指导	4.2.1 能判断仪器设备的运行情况 4.2.2 能指导高级农产品质量安全检测员及以下人员进行农产品安全检测 4.2.3 能指导仪器设备的使用和维护	4.2.1 仪器设备的运行监督知识 4.2.2 技术指导相关知识

3.5　高级农产品质量安全检测师

职业功能	工作内容	技能要求	相关知识
1 试样测定	1.1　农兽药残留测定	1.1.1　能进行液相—质谱—质谱联用仪的上机前准备 1.1.2　能使用液相—质谱—质谱联用仪测定150种以上农药残留 1.1.3　能使用液相—质谱—质谱联用仪测定50种兽药残留	1.1.1　液相—质谱—质谱联用仪所测农兽药的种类、分析原理及方法 1.1.2　液相—质谱—质谱联用仪的原理及使用知识
	1.2　污染物测定	1.2.1　能进行电感耦合等离子体—质谱联用仪的上机前准备 1.2.2　能使用电感耦合等离子体—质谱联用仪测定污染物	1.2.1　电感耦合等离子体—质谱联用仪所测污染物的种类、分析原理及方法
	1.3　生物毒素测定	1.3.1　能对生物毒素测定的样品进行前处理 1.3.2　能使用液相—质谱—质谱联用仪进行生物毒素的测定	1.3.1　生物毒素的基础知识 1.3.2　生物毒素测定的样品前处理知识 1.3.3　液相—质谱—质谱联用仪的原理及使用知识

（续）

职业功能	工作内容	技能要求	相关知识
2 结果记录与数据处理	2.1 结果记录	2.1.1 能根据液相—质谱—质谱联用仪的图谱记录数据 2.1.2 能对液相—质谱—质谱联用仪的图谱进行组分确认 2.1.3 能记录电感耦合等离子体—质谱联用仪测定的数据	2.1.1 液相—质谱—质谱联用仪的图谱的基本概念 2.1.2 液相—质谱—质谱联用仪的图谱的定性分析知识 2.1.3 电感耦合等离子体—质谱联用仪所测数据的记录知识
	2.2 数据处理	2.2.1 能根据液相—质谱—质谱联用仪的图谱进行定量分析 2.2.2 能根据电感耦合等离子体—质谱联用仪的图谱进行定量分析 2.2.3 能对实验结果进行差异显著性分析	2.2.1 液相—质谱—质谱联用仪定量分析相关知识 2.2.2 电感耦合等离子体—质谱联用仪定量分析相关知识 2.2.3 实验结果可靠性检验和数理统计知识
3 实验室安全卫生管理及仪器设备维护	3.1 实验室安全卫生管理	3.1.1 生物毒素测定后废弃物的安全处理 3.1.2 实验室场所和实验器皿的无害化处理	3.1.1 生物毒素测定废弃物的安全处理知识 3.1.2 实验室场所和实验器皿的无毒化处理知识
	3.2 仪器设备维护	3.2.1 能够对液相—质谱—质谱联用仪、电感耦合等离子体质谱联用仪等仪器进行常规维护 3.2.2 能够对生物毒素测定所用样品前处理仪器设备进行常规维护	3.2.1 液相—质谱—质谱联用仪、电感耦合等离子体—质谱联用仪等仪器的维护知识 3.2.2 生物毒素测定所用样品前处理仪器设备无毒化处理知识

（续）

职业功能	工作内容	技能要求	相关知识
4 技术培训与指导	4.1　技术培训	4.1.1　能撰写培训讲义 4.1.2　能对农产品质量安全检测师及以下人员进行培训	4.1.1　农产品品质判定知识 4.1.2　撰写培训讲义的相关知识
	4.2　技术指导	4.2.1　能指导农产品质量安全检测师及以下人员进行农产品安全检测 4.2.2　能解决检测人员在分析检测过程中出现的疑难问题	4.2.1　技能操作的相关知识 4.2.2　检测中疑难问题的处理方法
	4.3　技术开发	4.3.1　能进行农产品质量安全检测方法的研制 4.3.2　能进行检测过程的质量控制 4.3.3　能判断检测过程中的质量问题	4.3.1　农产品质量安全检测方法的相关知识 4.3.2　检测过程质量控制的相关知识 4.3.3　检测过程中质量问题出现的关键点及类型

4　比重表

4.1　理论知识

项　　目		初级（％）	中级（％）	高级（％）	检测师（％）	高级检测师（％）
基本要求	职业道德	5	5	5	5	5
	基础知识	30	15	10	5	5
相关知识	样品采集与制备	10	15	5	5	5
	检测前准备	10	10	20	15	10

（续）

项　　目		初级 （%）	中级 （%）	高级 （%）	检测师 （%）	高级检测 师（%）
相关 知识	试样测定	15	25	30	20	15
	结果记录及数据 处理	15	15	20	15	20
	实验室安全卫生 管理及仪器维护	15	15	10	10	10
	技术培训与指导	—	—	—	25	30
合　　计		100	100	100	100	100
注:比重表中不配分的地方,请画"—"。						

4.2　技能操作

项　　目		初级 （%）	中级 （%）	高级 （%）	检测师 （%）	高级检测 师（%）
技能 要求	采样与制备	30	10	5	5	5
	样品前处理	10	15	15	10	5
	设备操作	30	25	25	20	20
	数据记录	15	15	10	10	10
	结果分析	5	20	25	30	30
	设备维护	5	10	15	20	25
	实验室安全卫生	5	5	5	5	5
合　　计		100	100	100	100	100
注:比重表中不配分的地方,请画"—"。						

蔬 菜 园 艺 工

1 职业概况

1.1 职业名称

蔬菜园艺工。

1.2 职业定义

从事菜田耕整、土壤改良、棚室修造、繁种育苗、栽培管理、产品收获、采后处理等生产活动的人员。

1.3 职业等级

本职业共设 5 个等级,分别为初级(国家职业资格五级)、中级(国家职业资格四级)、高级(国家职业资格三级)、技师(国家职业资格二级)、高级技师(国家职业资格一级)。

1.4 职业环境

室内、外,常温。

1.5 职业能力特征

具有一定的学习能力、表达能力、计算能力、颜色辨别能力、空间感和实际操作能力,动作协调。

1.6　普通受教育程度

初中毕业。

1.7　职业培训要求

1.7.1　晋级培训期限

全日制职业学校教育,根据其培养目标和教学计划确定。晋级培训期限:初级不少于 150 标准学时;中级不少于 120 标准学时;高级不少于 100 标准学时;技师不少于 80 标准学时;高级技师不少于 80 标准学时。

1.7.2　培训教师

培训初级、中级的教师应具有本职业技师及以上职业资格证书或本专业中级及以上专业技术职务任职资格;培训高级、技师的教师应具有本职业高级技师职业资格证书或本专业高级及以上专业技术职务任职资格;培训高级技师的教师应具有本职业高级技师职业资格证书 2 年以上或本专业高级及以上专业技术职务任职资格。

1.7.3　培训场所设备

满足教学需要的标准教室、实验室和教学基地,具有相关的仪器设备及教学用具。

1.8　职业技能鉴定要求

1.8.1　申报条件

n)　具备以下条件之一者,可申报五级/初级技能:

——经本职业五级/初级技能正规培训达规定标准学时数,并取得结业证书;

——连续从事本职业工作1年以上。

b) 具备以下条件之一者,可申报四级/中级技能:

——取得本职业五级/初级技能职业资格证书后,连续从事本职业工作3年以上,经本职业四级/中级技能正规培训达到规定标准学时数,并取得结业证书;

——取得本职业五级/初级技能职业资格证书后,连续从事本职业工作4年以上;

——连续从事本职业工作6年以上;

——取得技工学校毕业证书;或取得经人力资源社会保障行政部门审核认定、以中级技能为培养目标的中等及以上职业学校本专业毕业证书(含尚未取得毕业证书的在校应届毕业生)。

c) 具备以下条件之一者,可申报三级/高级技能:

——取得本职业四级/中级技能职业资格证书后,连续从事本职业工作4年以上,经本职业三级/高级技能正规培训达到规定标准学时数,并取得结业证书;

——取得本职业四级/中级技能职业资格证书后,连续从事本职业工作5年以上;

——取得四级/中级技能职业资格证书,并具有高级技工学校、技师学院毕业证书;或取得四级/中级技能职业资格证书,并经人力资源社会保障行政部门审核认定、以高级技能为培养目标、具有高等职业学校本专业毕业证书(含尚未取得毕业证书的在校应届毕业生);

——具有大专及以上本专业或相关专业毕业证书,并取得本职业四级/中级技能职业资格证书,连续从事本职业工作2年以上。

d) 具备以下条件之一者,可申报二级/技师:

　　——取得本职业三级/高级技能职业资格证书后,连续从事本职业工作3年以上,经本职业二级/技师正规培训达到规定标准学时数,并取得结业证书;

　　——取得本职业三级/高级技能职业资格证书后,连续从事本职业工作4年以上;

　　——取得本职业三级/高级技能职业资格证书的高级技工学校、技师学院本专业毕业生,连续从事本职业工作3年以上;取得预备技师证书的技师学院毕业生连续从事本职业工作2年以上。

　　e)　具备以下条件之一者,可申报一级/高级技师:

　　——取得本职业二级/技师职业资格证书后,连续从事本职业工作3年以上,经本职业一级/高级技师正规培训达到规定标准学时数,并取得结业证书;

　　——取得本职业二级/技师职业资格证书后,连续从事本职业工作4年以上。

1.8.2　鉴定方式

　　分为理论知识考试和操作技能考核。理论知识考试采用闭卷笔试等方式,操作技能考核采用现场实际操作、模拟和口试等方式。理论知识考试和操作技能考核均实行百分制,成绩皆达60分及以上者为合格。技师、高级技师还须进行综合评审。

1.8.3　监考及考评人员与考生配比

　　理论知识考试中的监考人员与考生配比为1∶15,每个标准教室不少于2名监考人员;操作技能考核中的考评员与考生配比为1∶5,且不少于3名考评人员;综合评审委员不少于5人。

1.8.4　鉴定时间

　　理论知识考试时间不少于90分钟,技能操作考核时间不少于30分钟。综合评审时间不少于30分钟。

1.8.5 鉴定场所设备

理论知识考试在标准教室进行,技能操作考核在具有必要设备的实验室及田间现场进行。

2 基本要求

2.1 职业道德

2.1.1 职业道德基本知识

2.1.2 职业守则

    a) 敬业爱岗,忠于职守。

    b) 认真负责,实事求是。

    c) 勤奋好学,精益求精。

    d) 遵纪守法,诚信为本。

    e) 规范操作,注意安全。

2.2 基础知识

2.2.1 专业知识

    a) 土壤和肥料基础知识;

    b) 农业气象常识;

    c) 蔬菜栽培知识;

    d) 蔬菜病虫草害防治基础知识;

    e) 蔬菜采后处理基础知识;

    f) 农业机械常识;

    g) 农业设施知识;

    h) 蔬菜种子知识。

2.2.2 安全知识

　　a)　安全使用农药知识；

　　b)　安全用电知识；

　　c)　安全使用农机具知识；

　　d)　安全使用肥料知识。

2.2.3　相关法律、法规知识

　　a)　《中华人民共和国农业法》的相关知识；

　　b)　《中华人民共和国农业技术推广法》的相关知识；

　　c)　《中华人民共和国种子法》的相关知识；

　　d)　国家和行业蔬菜产地环境、产品质量标准以及生产技术规程；

　　e)　《中华人民共和国农产品质量安全法》的相关知识；

　　f)　《中华人民共和国农药管理条例》的相关知识；

　　g)　《中华人民共和国劳动法》的相关知识。

3　工作要求

　　本标准对初级、中级、高级、技师和高级技师的技能要求依次递进，高级别涵盖低级别的要求。

3.1　初级技能

职业功能	工作内容	技能要求	相关知识要求
1 育 苗	1.1　设施准备	1.1.1　能按指定的类型和结构参数准备育苗设施 1.1.2　能按指定的药剂进行育苗设施消毒	1.1.1　育苗设施类型、结构知识 1.1.2　消毒剂使用方法

（续）

职业功能	工作内容	技能要求	相关知识要求
1 育苗	1.2 营养土配制	1.2.1 能按配方配制营养土 1.2.2 能按指定的药剂进行营养土消毒	1.2.1 营养土特性知识 1.2.2 营养土消毒方法
	1.3 苗床准备	1.3.1 能按指定的地点和面积准备苗床	1.3.1 苗床制作知识
	1.4 种子处理	1.4.1 能够识别常见蔬菜种子 1.4.2 能按技术规程进行常温浸种和温汤浸种 1.4.3 能按技术规程进行种子催芽	1.4.1 种子识别知识 1.4.2 浸种知识 1.4.3 催芽知识
	1.5 播种	1.5.1 能按苗床育苗技术要求进行播种 1.5.2 能按穴盘育苗要求,对不同蔬菜品种进行合适深度播种	1.5.1 苗床育苗和穴盘育苗播种方式和方法
	1.6 苗期管理	1.6.1 能根据技术指标使用相关的设施设备调节温度、湿度和光照 1.6.2 能按指定的时期分苗、间苗和炼苗 1.6.3 能按指定的药剂防治病虫草害	1.6.1 温度、湿度和光照调控方法 1.6.2 分苗知识 1.6.3 炼苗知识 1.6.4 苗期病虫害防治方法
2 定植（直播）	2.1 设施准备	2.1.1 能按指定的类型准备栽培设施 2.1.2 能用指定的药剂进行栽培设施消毒	2.1.1 栽培设施类型、结构知识 2.1.2 消毒剂使用方法

（续）

职业功能	工作内容	技能要求	相关知识要求
2 定植（直播）	2.2 整地	2.2.1 能按要求进行土壤消毒 2.2.2 能按指定的时期和深度耕翻土壤 2.2.3 能按技术标准整平地块 2.2.4 能按规划开排灌沟	2.2.1 土壤结构、土壤消毒知识
	2.3 施基肥	2.3.1 能按配方普施基肥，并结合深翻使土肥混匀 2.3.2 能按要求沟施基肥	2.3.1 有机肥使用方法 2.3.2 化肥使用方法
	2.4 作畦	2.4.1 能按指定的类型、规格作平畦、高畦或垄	2.4.1 栽培畦的类型、规格知识
	2.5 覆膜	2.5.1 能将地膜铺平拉紧，在四周用土压实	2.5.1 地膜使用知识
	2.6 移栽（播种）	2.6.1 能开沟或开穴 2.6.2 能浇好移栽（播种）水 2.6.3 能进行适宜的深度、密度移栽（播种）	2.6.1 移栽（播种）密度知识 2.6.2 移栽（播种）方法
3 田间管理	3.1 环境调控	3.1.1 能根据技术指标使用相关的设施设备调节温度、湿度和光照 3.1.2 能按技术要求防治土壤盐渍化 3.1.3 能通风换气，防止氨气、二氧化硫、一氧化碳有害气体中毒	3.1.1 环境调控方法

（续）

职业功能	工作内容	技能要求	相关知识要求
3 田间管理	3.2 肥水管理	3.2.1 能按配方追肥，补充二氧化碳 3.2.2 能按指定的时期和数量浇水 3.2.3 能按指定的肥料和配比进行叶面追肥	3.2.1 适时追肥、补气和浇水知识
	3.3 植株调整	3.3.1 能完成插架绑蔓（吊蔓） 3.3.2 能按指定的方法摘心、打杈，摘除老叶和病叶 3.3.3 能按指定的方法保花保果、疏花疏果	3.3.1 植株调整方法
	3.4 病虫草害防治	3.4.1 能按指定的方法防治病虫草害	3.4.1 农业、物理、生物和化学等病虫草害防治知识
	3.5 采收	3.5.1 能按蔬菜外观质量标准采收	3.5.1 采收方法
	3.6 清洁田园	3.6.1 能清理植株残体和杂物	3.6.1 田园清洁方法
4 采后处理	4.1 整理	4.1.1 能按蔬菜外观整理产品	4.1.1 蔬菜整理方法
	4.2 清洗	4.2.1 能清洗产品 4.2.2 能控水	4.2.1 蔬菜清洗、控水方法
	4.3 包装	4.3.1 能包装产品	4.3.1 蔬菜包装方法

3.2　中级

职业功能	工作内容	技能要求	相关知识要求
1 育苗	1.1　设施准备	1.1.1　能确定合适的育苗设施类型和结构参数 1.1.2　能确定育苗设施消毒所使用的药剂和使用方法	1.1.1　育苗设施的性能、应用知识 1.1.2　育苗设施病虫源知识
	1.2　营养土配制	1.2.1　能根据蔬菜的种类确定配制常规营养土的材料及配方 1.2.2　能确定营养土消毒药剂	1.2.1　营养土特性知识 1.2.2　农药知识 1.2.3　肥料特性知识
	1.3　苗床准备	1.3.1　能计算苗床面积	1.3.1　苗床面积计算知识
	1.4　种子处理	1.4.1　能选用适宜本地种植的蔬菜种子 1.4.2　能根据蔬菜种子特性确定温汤浸种的温度、时间和方法 1.4.3　能根据蔬菜种子特性确定催芽的温度、时间和方法 1.4.4　能对不同种类的种子选择合理的药剂处理 1.4.5　能采用干热法处理种子	1.4.1　温汤浸种知识 1.4.2　种子药剂处理知识 1.4.3　种子干热处理知识

(续)

职业功能	工作内容	技能要求	相关知识要求
1 育苗	1.5 播种	1.5.1 能选择适宜当地蔬菜生产的不同茬口,适时播种,确定播种期 1.5.2 能计算播种量	1.5.1 播种量知识 1.5.2 种植茬口知识 1.5.3 播种期知识
	1.6 嫁接	1.6.1 能按不同蔬菜种类进行嫁接育苗,掌握插接、劈接、靠接和贴接等嫁接方法	1.6.1 嫁接育苗知识
	1.7 苗期管理	1.7.1 能针对苗期生育特性确定温度、湿度和光照管理措施 1.7.2 能确定分苗、间苗、炼苗适期和管理措施 1.7.3 能识别主栽品种苗期常见病虫害,并能确定病虫防治药剂和使用方法	1.7.1 壮苗标准 1.7.2 苗期温度管理知识 1.7.3 苗期水分管理知识 1.7.4 苗期光照管理知识 1.7.5 苗期病虫害防治知识
2 定植(直播)	2.1 设施准备	2.1.1 能确定栽培设施类型和结构参数 2.1.2 能确定栽培设施消毒所使用的药剂和使用方法	2.1.1 栽培设施类型、性能、应用知识 2.1.2 栽培设施病虫源知识
	2.2 整地	2.2.1 能确定土壤耕翻适期和深度 2.2.2 能确定排灌沟布局和规格	2.2.1 农田水利知识

（续）

职业功能	工作内容	技能要求	相关知识要求
2 定植（直播）	2.3　施基肥	2.3.1　能确定基肥施用种类和数量	2.3.1　蔬菜对营养元素的需要量知识 2.3.2　土壤肥力知识 2.3.3　肥料利用率知识
	2.4　作畦	2.4.1　能确定栽培畦的类型、规格及方向	2.4.1　栽培畦特点知识
	2.5　移栽（播种）	2.5.1　能确定移栽（播种）适期 2.5.2　能确定移栽（播种）密度 2.5.3　能确定移栽（播种）方法	2.5.1　适时移栽（直播）知识 2.5.2　合理密植知识
3 田间管理	3.1　环境调控	3.1.1　能确定温、湿度和光照管理措施 3.1.2　能确定土壤盐渍化综合防治措施 3.1.3　能确定有害气体的种类、出现的时间和防治方法	3.1.1　田间蔬菜温度要求 3.1.2　田间蔬菜水分要求 3.1.3　田间蔬菜光照要求 3.1.4　防治土壤盐渍化知识
	3.2　肥水管理	3.2.1　能确定追肥的种类、浓度、时期和方法 3.2.2　能确定浇水时期和数量 3.2.3　能确定叶面追肥的种类、浓度、时期和方法 3.2.4　能使用喷滴灌设备进行肥水管理	3.2.1　蔬菜平衡施肥知识 3.2.2　蔬菜灌溉知识

（续）

职业功能	工作内容	技能要求	相关知识要求
3 田间管理	3.3　植株调整	3.3.1　能确定插架绑蔓（吊蔓)的时期和方法 3.3.2　能确定植株调整的时期和方式 3.3.3　能确定保花保果、疏花疏果的时期和方法	3.3.1　营养生长与生殖生长的关系
	3.4　病虫草害防治	3.4.1　能识别主栽品种上常见的病虫草害 3.4.2　能选择适合的防治药剂和施药方法	3.4.1　蔬菜病虫草害防控知识 3.4.2　蔬菜上安全用药知识
	3.5　采收	3.5.1　能按蔬菜外观质量标准确定采收适期 3.5.2　能确定采收方法	3.5.1　采收时期知识 3.5.2　安全间隔期知识 3.5.3　产品外观特性知识
	3.6　清洁田园	3.6.1　能对植株残体、杂物进行无害化处理	3.6.1　无害化处理知识
4 采后处理	4.1　质量检测	4.1.1　能按蔬菜质量标准判定产品外观质量 4.1.2　能采集农药残留快速检测样品	4.1.1　外观质量标准知识 4.1.2　农药残留检测采样知识
	4.2　整理	4.2.1　能准备整理设备	4.2.1　整理设备知识
	4.3　清洗	4.3.1　能准备清洗设备	4.3.1　清洗设备知识

（续）

职业功能	工作内容	技能要求	相关知识要求
4 采后处理	4.4　分级	4.4.1　能按蔬菜分级标准对产品分级	4.4.1　蔬菜分级标准知识 4.4.2　蔬菜分级方法
	4.5　包装	4.5.1　能选定包装材料和设备	4.5.1　包装材料和设备知识

3.3　高级

职业功能	工作内容	技能要求	相关知识要求
1 育苗	1.1　苗情诊断	1.1.1　能识别主栽品种苗期常见生理性病害，并制定防治措施	1.1.1　苗情诊断知识
	1.2　病虫害防治	1.2.1　能根据当地苗期病虫害发生规律，确定综合防治措施	1.2.1　苗期病虫害症状知识
2 田间管理	2.1　环境调控	2.1.1　能根据植株长势，调整环境调控措施	2.1.1　蔬菜与生长环境知识
	2.2　肥水管理	2.2.1　能识别主栽品种常见的缺素和营养过剩症状 2.2.2　能根据植株长势，调整肥水管理措施	2.2.1　常见缺素和营养过剩症知识
	2.3　植株调整	2.3.1　能根据植株长势，修改植株调整措施	2.3.1　蔬菜生物学特性

（续）

职业功能	工作内容	技能要求	相关知识要求
2 田间管理	2.4 病虫草害防治	2.4.1 能识别本地区常见蔬菜病虫害 2.4.2 能制定本地区常见病虫草害防治措施	2.4.1 常见蔬菜病虫害防治知识
3 采后处理	3.1 质量检测	3.1.1 能确定产品外观质量标准 3.1.2 能进行质量检测采样	3.1.1 抽样知识
	3.2 分级	3.2.1 能操作分级机械设备	3.2.1 分级设备知识
4 技术管理	4.1 实施生产计划	4.1.1 能制定年度生产计划	4.1.1 茬口安排知识
	4.2 制定操作规程	4.2.1 能制订主要蔬菜生产技术操作规程	4.2.1 蔬菜栽培管理知识

3.4 技师

职业功能	工作内容	技能要求	相关知识要求
1 育苗	1.1 苗情诊断	1.1.1 能识别主栽品种各种生理性病害，并制定防治措施	1.1.1 苗期生理障碍知识
	1.2 病虫害防治	1.2.1 能识别主栽品种各种侵染性病害、虫害，并制定综合防治措施	1.2.1 苗期病虫害诊断知识

（续）

职业功能	工作内容	技能要求	相关知识要求
2 田间管理	2.1　环境调控	2.1.1　能鉴别主栽品种因环境调控不当引起的各种生理性病害 2.1.2　能根据植株长势制定生理性病害防治措施	2.1.1　主栽蔬菜生理知识
	2.2　肥水管理	2.2.1　能识别主栽品种各种缺素和营养过剩症状，并制定防治措施	2.2.1　主栽品种缺素和营养过剩症状知识
	2.3　病虫草害防治	2.3.1　能识别当地各种蔬菜主要病虫草害 2.3.2　能制订病虫草害综合防治方案	2.3.1　蔬菜病虫草害防治知识
3 采后处理	3.1　质量检测	3.1.1　能定性检测蔬菜中的农药残留和亚硝酸盐	3.1.1　农药残留和亚硝酸盐定性检测方法
	3.2　分级	3.2.1　能选定分级标准	3.2.1　蔬菜分级标准知识
4 技术管理	4.1　编制生产计划	4.1.1　能够调研蔬菜生产量、供应期和价格 4.1.2　能制订农资采购计划	4.1.1　蔬菜周年生产知识
	4.2　技术评估	4.2.1　能评估技术措施应用效果，对存在问题提出改进方案	4.2.1　技术评估方法
	4.3　种子鉴定	4.3.1　能测定种子的纯度和发芽率 4.3.2　能鉴定种子的生活力	4.3.1　种子鉴定知识

（续）

职业功能	工作内容	技能要求	相关知识要求
4 技术管理	4.4 技术开发	4.4.1 能根据方案实施田间试验 4.4.2 能试验示范推广新品种、新材料、新技术 4.4.3 能进行常规品种繁制	4.4.1 田间试验设计与统计知识 4.4.2 常规品种繁制知识
5 培训指导	5.1 技术培训	5.1.1 能制订初、中级人员培训计划 5.1.2 能准备初、中级人员培训资料、实验用材和实习现场 5.1.3 能给初、中级人员授课、实验示范和实训示范	5.1.1 培训计划编制方法 5.1.2 讲稿编写方法 5.1.3 授课、实验、实训方法
	5.2 技术指导	5.2.1 能指导初、中级人员进行蔬菜生产	5.2.1 技术指导方法

3.5 高级技师

职业功能	工作内容	技能要求	相关知识要求
1 育苗	1.1 生理病害诊断	1.1.1 能识别各种生理病害,并制定防治措施	1.1.1 蔬菜生理知识
	1.2 侵染性病害、虫害诊断	1.2.1 能识别各种侵染性病害、虫害,并制定综合防治措施	1.2.1 蔬菜病虫害防治知识

（续）

职业功能	工作内容	技能要求	相关知识要求
2 采后处理	2.1 质量检测	2.1.1 能定量检测蔬菜中农药残留量和亚硝酸盐	2.1.1 蔬菜安全检测知识 2.1.2 农药残留定量检测仪器操作规范
	2.2 分级	2.2.1 能制定产品分级标准	2.2.1 蔬菜产品分级知识
	2.3 包装	2.3.1 能根据产品特性提出包装设计要求	2.3.1 蔬菜产品特性
3 技术管理	3.1 编制生产计划	3.1.1 能对市场调研结果进行分析,调整种植计划 3.1.2 能预测市场的变化,研究提出新的茬口	3.1.1 市场预测知识 3.1.2 耕作制度知识
	3.2 技术开发	3.2.1 能制订品种筛选试验方案 3.2.2 能对常规品种提纯复壮	3.2.1 蔬菜品种筛选试验知识 3.2.2 常规品种提纯复壮知识
4 培训指导	4.1 技术培训	4.1.1 能制订高级人员和技师培训计划 4.1.2 能准备高级人员和技师培训资料、实验用材和实习现场 4.1.3 能给高级人员和技师授课、实验示范和实训示范	4.1.1 教育培训的相关知识
	4.2 技术指导	4.2.1 能指导高级人员和技师进行蔬菜生产	4.2.1 语言表达技巧

4　比重表

4.1　理论知识

项　　目		技能等级				
		初级技能 （%）	中级技能 （%）	高级技能 （%）	技师 （%）	高级技师 （%）
基本 要求	职业道德	5	5	5	5	5
	基础知识	10	10	10	10	10
相关 知识 要求	育苗	25	30	10	5	5
	定植（直播）	20	20	—	—	—
	田间管理	30	25	40	20	15
	采后处理	10	10	15	10	10
	技术管理	—	—	20	25	30
	培训指导	—	—	—	25	25
合　计		100	100	100	100	100

4.2　技能操作

项　　目		技能等级				
		初级技能 （%）	中级技能 （%）	高级技能 （%）	技师 （%）	高级技师 （%）
技能 要求	育苗	35	40	10	5	5
	定植（直播）	20	15	—	—	—
	田间管理	35	35	50	25	20
	采后处理	10	10	10	10	10
	技术管理	—	—	30	40	45
	培训指导	—	—	—	20	20
合　计		100	100	100	100	100

第三部分

农业部规章制度及
编制规程

农业部关于印发《农业职业技能鉴定质量督导办法(试行)》的通知

(农人发[2004]12号)

2004 年 6 月 4 日

各省、自治区、直辖市农业(农林、农牧)、畜牧、饲料、农垦、渔业、乡镇企业、农机化管理厅(委、办、局),各农业行业特有工种职业技能鉴定站:

《农业职业技能鉴定质量督导办法(试行)》业经农业部2004 年第 19 次常务会议审议通过,现印发给你们,请结合本行业、本单位实际认真贯彻执行。执行中遇有问题请与农业部人事劳动司联系。

农业职业技能鉴定质量督导办法

(试 行)

第一条 为加强和规范农业职业技能鉴定工作,进一步提高鉴定质量,根据劳动和社会保障部颁发的《职业技能鉴定规定》,制定本办法。

第二条 农业职业技能鉴定质量督导是指农业行政主管部

门向农业职业技能鉴定站派遣质量督导员,对其贯彻执行国家职业技能鉴定法规、政策和国家农业职业标准等情况进行监督、检查的行为。

第三条　农业部人事劳动司会同有关业务司局负责全国农业职业技能鉴定质量督导的管理和指导,统筹安排农业行业质量督导员资格培训、考核和认证工作。省级农业行政主管部门负责本地区、本行业(系统)职业技能鉴定质量督导工作的组织实施。

农业部职业技能鉴定指导中心(以下简称部鉴定中心)受委托负责全国农业职业技能鉴定质量督导技术方法的指导,并承办质量督导员资格培训和考核、管理工作。

第四条　农业职业技能鉴定质量督导工作依据国家法律、法规及有关政策规定,遵循客观公正、科学规范的原则开展。

第五条　农业职业技能鉴定质量督导工作职责:

(一)对农业职业技能鉴定站贯彻执行职业技能鉴定法规和政策的情况实施督导;

(二)对农业职业技能鉴定站的运行条件、鉴定范围、考务管理、考评人员资格、被鉴定人员资格审查和职业资格证书管理等情况进行督导;

(三)受委托,对群众举报的职业技能鉴定违规违纪情况进行调查、核实,提出处理意见;

(四)对农业职业技能鉴定工作进行调查研究,向委托部门报告有关情况,提出建议。

第六条　农业职业技能鉴定质量督导分现场督考和不定期抽查两种形式。

第七条　农业职业技能鉴定站实施职业技能鉴定时,应配备由上级或当地农业行政主管部门委派的质量督导员,负责现场督考工作。

第八条　质量督导员在现场督考过程中,应对考务管理程序、考评人员资格、申请鉴定人员资格等进行审查;对考评人员的违规行为应予以制止并提出处理建议;遇有严重影响鉴定质量的问题,应提请派出机构进行处理,或经派出机构授权直接进行处理,并报告处理结果。

第九条　质量督导员在现场督考后,应填写《农业职业技能鉴定现场督考报告》(以下简称《督考报告》)。由鉴定站将《督考报告》报质量督导员派出机构,并报省农业行政主管部门和部鉴定中心备案。

第十条　部行业职业技能鉴定指导站应组织质量督导员对鉴定站工作情况进行检查,听取情况汇报、查阅有关档案资料,并实施现场调查。

第十一条　质量督导员执行督导任务时,应佩戴胸卡,认真履行督导职责,自觉接受主管部门的指导和监督。具有考评员资格的质量督导员,在执行督导任务时,不能兼任同场次考评工作,实行回避制度。

第十二条　各农业职业技能鉴定站要支持、配合质量督导员开展工作,向督导员提供必要的工作条件和有关资料。

第十三条　在质量督导工作中,被督导单位及有关人员有下列情形之一的,质量督导员可提请派出机构按有关规定作出处理:

(一)拒绝向质量督导员提供有关情况和文件、资料的;

(二)阻挠有关人员向质量督导员反映情况的;

(三)对提出的督导意见,拒不采纳、不予改进的;

（四）弄虚作假、干扰职业技能鉴定质量督导工作的；

（五）打击、报复质量督导员的；

（六）其他影响质量督导工作的行为。

第十四条 质量督导员应具备以下条件：

（一）热爱职业技能鉴定工作，廉洁奉公、办事公道、作风正派，具有良好的职业道德和敬业精神；

（二）掌握职业技能鉴定有关政策、法规和规章，熟悉职业技能鉴定理论和技术方法；

（三）从事农业职业技能鉴定行政管理和技术工作两年以上，或从事职业技能鉴定考评工作三年以上且年度考评合格；

（四）服从安排，能按照派出机构要求完成职业技能鉴定质量督导任务。

第十五条 质量督导员由各鉴定站所在地农业行政主管部门推荐，省级农业行政主管部门审核，经培训和考核合格，由农业部人事劳动司颁发《职业技能鉴定质量督导员》证卡。

《职业技能鉴定质量督导员》证卡为劳动和社会保障部统一样式，有效期三年。期满后，按照有关规定，重新核发。

第十六条 质量督导员应当接受有关法规、政策、职业道德、职业技能鉴定管理和督导等内容的培训。

第十七条 质量督导员资格考核采取笔试方式进行。试题试卷按劳动和社会保障部有关规定统一编制。

第十八条 质量督导员有下列情况之一的，由本人所在单位给予批评教育或行政处分；情节严重的，由省级农业行政主管部门提请农业部人事劳动司批准，取消其质量督导员资格。

（一）因渎职贻误工作的；

（二）违反职业技能鉴定有关规定的；

（三）利用职权谋取私利的；

（四）利用职权包庇或打击报复他人，侵害他人合法权益的；

（五）其他妨碍工作正常进行，并造成恶劣影响的。

第十九条　质量督导员实行全国统一网络化管理。部鉴定中心定期将农业系统质量督导员的相关情况及工作情况报劳动和社会保障部。

第二十条　本试行办法由农业部负责解释。

第二十一条　本试行办法自 2004 年 10 月 1 日起施行。

附件：农业行业职业技能鉴定现场督考报告（样式）

附件

农业行业职业技能鉴定现场督考报告（样式）

被督导鉴定站名称：

基本信息	督导员姓名	
	督导员工作单位	
	委派单位	
督导内容		**执行情况**
（一）试卷的使用情况	1. 试卷来源	○部中心提供标准试卷；○传真清样；○网络发送清样；○受部中心委托编制并经审核采用
	2. 试卷的印刷	○在指定的印刷厂监印；○由鉴定站印刷并有专人监印；○鉴定站复印

（续）

（一）试卷的使用情况	3.试卷的运送		○由两人以上专人运送；○由一人运送 ○邮寄
	4.试卷的交接		○由专人交接并签名、封存 ○由专人交接未签名、封存
	5.试卷的使用		○试卷在考场现场拆封； ○试卷未在考场现场拆封
	6.试卷质量分析	1.考试内容与标准要求关联度	○考试内容全面且符合本职业标准要求 ○考试内容基本反映本职业标准规定的内容 ○考试内容与标准规定内容相差较远
		2.考试内容与当地实际关联度	○基本符合；○大部分符合；○相差较大
		3.难易度分析	○较难；○难度适中；○较易
（二）考场	1.考场准备	准备依据	○完全按技术准备通知单；○有部分调整 ○没有按技术准备通知单
		场地准备	○良好；○一般；○较差；○混乱
		设备、仪器准备	○全且符合要求；○一般；○较差；○混乱
		人员安排准备	○人员充足、分工合理；○人员少且分工不合理
	2.鉴定现场情况	1.鉴定对象安排	○鉴定结束者和未鉴定者有效隔离；○鉴定结束者和未鉴定者没有采取措施分开
		2.考场秩序	○良好；○一般；○较差；○混乱

（续）

（三）考评人员情况	1. 考评小组	○按要求组建；○由站长指派；○无考评小组
	2. 考评人员资格	○完全符合；○部分人员符合；○均不符合
	3. 考评情况	○考评员佩戴胸卡，严格遵守考评守则； ○没有严格遵守考评守则
（四）被鉴定对象的资格审查	1. 经过审查	○按申报条件严格审查；○审查不严格
	2. 未经过审查	○由于工作人员疏忽；○鉴定站未安排
（五）实操考试	1. 场次的确定	○抽签决定；○人为安排；○考生自愿
	2. 位置的确定	○抽签决定；○人为安排；○考生自愿
	3. 测评打分	○按要求独立打分；○全部考评员的综合意见；○去掉最高分和最低分后的平均分
	4. 考核分数的处理	○鉴定后及时整理、汇总成绩；○鉴定后未及时整理、汇总成绩
（六）出现技术问题后的处理方式	1. 现场处理方式	○由考评小组组长按有关规定现场处理； ○由站长处理；○由考评人员协商解决
	2. 处理结果	○如实记录并上报；○没有记录
（七）其他情况		

督导员签字： 督导时间:200 年 月 日

农业部人事劳动司制表

农业部关于印发《农业行业职业技能鉴定管理办法》的通知

（农人发［2006］6 号）

2006 年 6 月 1 日

各省、自治区、直辖市农业、农机、畜牧、兽医、农垦、乡镇企业、渔业厅（局、委、办），新疆生产建设兵团农业局、劳动局：

为适应农业农村经济发展和社会主义新农村建设的需要，进一步规范农业行业职业技能鉴定管理，全面开发农业劳动者的职业技能，提高农村实用人才以及农业技能人才队伍素质，根据当前农业职业技能鉴定工作的实际和发展趋势，我部对《农业行业特有工种职业技能鉴定实施办法（试行）》进行了修订，形成《农业行业职业技能鉴定管理办法》。现印发给你们，请结合实际遵照执行。

附件：农业行业职业技能鉴定管理办法

附件

农业行业职业技能鉴定管理办法

第一章　总　　则

第一条　为适应农业农村经济发展和社会主义新农村建设的需要,进一步规范农业行业职业技能鉴定管理,全面开发农业劳动者的职业技能,提高农村实用人才以及农业技能人才队伍素质,根据《劳动法》、《职业教育法》、《农业法》等法律,制定本办法。

第二条　本办法所称农业行业职业技能鉴定是指对从事农业行业特有职业(工种)的劳动者所应具备的专业知识、技术水平和工作能力进行考核与评价,并对通过者颁发国家统一印制的职业资格证书的评价活动。

第三条　农业行业职业技能鉴定实行政府指导下的社会化管理体制。农业行政主管部门负责综合管理,业务机构(指农业部职业技能鉴定指导中心和职业技能鉴定指导站,以下分别简称部鉴定中心和部行业指导站)进行技术指导,执行机构(指农业行业职业技能鉴定站,以下简称鉴定站)组织具体实施。

第四条　农业行业推行国家职业资格证书制度。在涉及农产品质量安全、规范农资市场秩序,以及技术性强、服务质量要求高、关系广大消费者利益和人民生命财产安全的职业(领域),逐步推行就业准入制度。

第五条　开展农业行业职业技能鉴定遵循客观、公正、科学、规范的原则,着力为农业农村经济发展和农业劳动者服务。

第六条　各级农业行业行政主管部门要安排必要经费并逐步形成稳定增长的投入机制，不断加强鉴定机构基础设施建设，改善鉴定工作条件，推动农业职业技能培训和鉴定工作健康发展。

第七条　本办法适用于全国种植业、畜牧业、兽医、渔业、农机、农垦、乡镇企业、饲料工业、农村能源等行业（系统）开展职业技能鉴定工作。

第二章　工作职责

第八条　农业部人事劳动司负责综合管理和指导农业行业职业技能鉴定工作。

（一）制定农业行业职业技能鉴定的有关政策、规划和办法，并对实施情况进行监督检查；

（二）管理农业行业职业技能鉴定业务机构和执行机构，并指导开展相关工作；

（三）负责农业行业国家（行业）职业标准、培训教材以及鉴定试题库的编制开发工作；

（四）负责农业行业职业技能鉴定工作队伍建设及职业资格证书的管理工作；

（五）负责农业行业职业技能鉴定质量管理工作。

第九条　农业部各有关司局负责管理和指导本行业（系统）的职业技能鉴定工作。

（一）制定本行业（系统）职业技能培训和鉴定工作的政策、规划和办法；

（二）负责本行业（系统）国家（行业）职业标准、培训教材以及鉴定试题库的编制开发工作；

（三）组织、指导本行业（系统）开展农业职业技能鉴定工作，并对鉴定质量进行监督检查。

第十条 省级农业行业主管部门负责管理和指导本地区、本行业农业行业职业技能鉴定工作。

（一）制定本地区、本行业（系统）职业技能培训与鉴定工作政策、规划和办法；

（二）负责本地区、本行业（系统）鉴定站的建设与管理；

（三）负责本地区、本行业（系统）职业技能鉴定考评人员与质量督导员的管理；

（四）组织、指导本地区、本行业（系统）开展职业技能鉴定工作，并对鉴定质量进行监督检查。

第十一条 部鉴定中心负责农业行业职业技能鉴定业务工作。

（一）组织、指导农业行业职业技能鉴定实施工作；

（二）组织农业行业国家（行业）职业标准、培训教材以及鉴定试题库的编制开发工作，并负责试题库的管理；

（三）负责制定鉴定站设立的总体原则和基本条件，并承担对申请设立鉴定站单位资格的复审；

（四）拟定农业行业职业技能鉴定考评人员的资格条件，并承担质量督导员的资格培训、考核与管理工作，指导考评人员的资格培训、考核并负责考评人员的管理工作；

（五）承担农业行业职业技能鉴定结果的复核和职业资格证书的管理工作，并负责农业行业职业技能鉴定信息统计工作；

（六）参与推动农业行业职业技能竞赛活动，开展职业技能鉴定及有关问题的研究与咨询工作。

第十二条 部行业指导站在部有关司局和部鉴定中心的指

导下,负责本行业(系统)职业技能鉴定的业务指导工作。

(一)组织、指导本行业(系统)职业技能鉴定工作;

(二)负责本行业(系统)鉴定站的建设与管理,提出本行业(系统)鉴定站设立的具体条件,并负责资格初审,指导本行业(系统)鉴定站开展工作;

(三)承担本行业(系统)国家(行业)职业标准、培训教材以及鉴定试题库的编制开发工作,并负责本行业(系统)鉴定试题库的运行与维护;

(四)组织本行业(系统)职业技能鉴定考评人员的培训、考核工作;

(五)负责本行业(系统)职业技能鉴定结果的初审和职业资格证书办理的有关工作,并负责本行业(系统)职业技能鉴定信息统计工作;

(六)开展本行业(系统)职业技能鉴定及有关问题的研究与咨询工作。

第三章 鉴定执行机构

第十三条 鉴定站是职业技能鉴定的执行机构,负责实施对劳动者的职业技能鉴定工作。

(一)执行国家和地方农业行业行政主管部门有关农业职业技能鉴定的政策、规定和办法;

(二)负责职业技能鉴定考务工作,并对鉴定结果负责;

(三)按规定及时向上级有关部门提交鉴定情况统计数据和工作报告等材料。

第十四条 鉴定站的设立由省级农业行业行政主管部门审核推荐,经国家行政主管部门批准设立。其设立应具备以下条件：

（一）具有与所鉴定职业（专业）及其等级相适应，并符合国家标准要求的考核场地、检测仪器等设备设施；

（二）有专兼职的组织管理人员和考评人员；

（三）有完善的管理制度。

第十五条　鉴定站实行站长负责制。鉴定站应严格执行各项规章制度和农业行业职业技能鉴定程序，保证工作质量，按规定接受上级有关部门的指导、监督和检查；鉴定站享有独立进行职业技能鉴定的权利，有权拒绝任何组织或个人影响鉴定公正性的要求。

第十六条　对鉴定站实行评估制度。评估工作在《职业技能鉴定许可证》有效期满前进行，具体由农业部人事劳动司会同部内有关司局统一组织。

第四章　考评人员

第十七条　考评人员是对职业技能鉴定对象进行考核、评价的人员，分为考评员和高级考评员两个等级。考评员可以承担对职业资格五级（初级）、四级（中级）、三级（高级）人员的鉴定工作；高级考评员可以承担职业资格各等级的考核、评价工作。

第十八条　考评人员实行培训、考核和资格认证制度。考评资格有效期为三年，资格有效期届满后，须重新考核认证。

第十九条　考评人员实行聘用制。由鉴定站聘用，每个聘期不超过三年。

第二十条　考评人员在执行鉴定考评时需佩戴证卡，并严格遵守考评员工作守则和考场规则。

第五章　组织实施

第二十一条　参加农业行业职业技能鉴定的人员,应符合农业行业国家职业标准中规定的申报条件。

第二十二条　申报参加职业技能鉴定的人员,须向鉴定站提出申请,出具本人身份证、学历证书或其他能证明本人技术水平的证件,填写《职业技能鉴定申报审批表》,凭鉴定站签发的准考证,按规定的时间、方式参加考核或考评。

第二十三条　职业技能鉴定站应受理一切符合申报条件、规定手续人员的职业技能鉴定。

第二十四条　职业技能鉴定分为专业技术知识考试和实际操作技能考核两部分,两项成绩均达到 60 分以上者,即通过职业技能鉴定。技师、高级技师还应通过专家组评审。

第二十五条　职业技能鉴定实行统一命题,试题均由鉴定站从经劳动和社会保障部审定的农业行业职业技能鉴定试题库中提取;未建立试题库的职业,试题由部行业指导站组织专家编制,经部鉴定中心审核确认后使用,未经审核确认的鉴定试题无效。

第二十六条　对职业技能鉴定合格者,农业部颁发国家统一印制的职业资格证书。

第六章　职业资格证书管理

第二十七条　职业资格证书是劳动者职业技能水平的凭证,是劳动者就业、从业、任职和劳务输出法律公证的有效证件。农业劳动者可通过参加职业技能鉴定、业绩评定、职业技能竞赛等方式申请获得职业资格证书。

第二十八条　参加国家级和省级职业技能竞赛分别取得前20名和前10名的人员,经农业部人事劳动司认定后,且本职业设有高一级职业资格的,可相应晋升一个职业等级。

第二十九条　经农业部核准颁发的职业资格证书在全国范围内有效,其他任何鉴定机构不得重复鉴定。

第三十条　各级农业行政主管部门和用人单位应鼓励劳动者参加职业培训和技能鉴定,不断提升技能水平和技术等级。对实行就业准入制度职业的从业人员,每年应进行必要的业务培训和业绩考核,逐步推行职业资格证书复核制度。

第七章　质量督导

第三十一条　质量督导分为现场督考和不定期检查,由农业部和各地农业行业行政主管部门根据有关规定组织实施。

第三十二条　农业行业职业技能鉴定站实施鉴定时,应有上级或当地农业行政主管部门委派的质量督导员,负责现场督考。

第三十三条　各级农业行政主管部门应组织质量督导员不定期对鉴定站工作情况进行检查,听取情况汇报,查阅有关档案资料,并开展实地调查。

第三十四条　质量督导员应当接受有关法律、法规、政策、职业道德、职业技能鉴定管理和质量督导等内容的培训。

第八章　奖　　惩

第三十五条　农业部建立农业行业职业技能鉴定工作评选表彰制度,设立"全国农业职业技能鉴定先进集体"、"全国优秀农业职业技能鉴定站"和"全国农业职业技能鉴定先进个人"荣誉称号,每五年进行表彰。

各行业、各地区可根据自身情况建立本行业、本地区的职业技能鉴定工作评选表彰制度。

第三十六条　建立农业行业职业技能鉴定工作违规处罚制度。具有下列情形之一的鉴定站,由省级农业行政主管部门视其情节轻重,给予警告、限期整改或停止鉴定的处罚。情节严重的,报国家行政主管部门核准,取消其职业技能鉴定资质。

(一)取得相应鉴定资质后,两年内未开展职业技能鉴定工作的;

(二)超越规定范围开展鉴定工作的;

(三)管理混乱,难以保证鉴定质量,在社会上造成恶劣影响的;

(四)违反国家有关规定,在鉴定过程中有非法牟利、弄虚作假、徇私舞弊、滥收费用、伪造证书等行为的;

(五)在工作中欺上瞒下,不向主管部门提供真实情况的。

第三十七条　农业行业用人单位招用未取得相应职业资格证书的劳动者,从事实行就业准入制度的职业(工种)工作的,农业行业行政主管部门应责令限期改正。

第九章　附　　则

第三十八条　本办法由农业部人事劳动司负责解释。

第三十九条　本办法自发文之日起执行。原《农业行业特有工种职业技能鉴定实施办法(试行)》(农人发[1996]2号)自行废止。

农业部办公厅关于印发农业行业职业技能鉴定站 职业资格证书 职业技能鉴定程序及职业技能鉴定考评人员管理办法的通知

（农办人〔2007〕22 号）

2007 年 4 月 6 日

各省、自治区、直辖市农业、农机、畜牧、兽医、农垦、乡镇企业、渔业厅（局、委、办），新疆生产建设兵团农业局、劳动局：

为进一步规范农业行业职业技能鉴定管理，全面开发农业劳动者的职业技能，提高农村实用人才以及农业技能人才队伍素质，结合当前工作实际，我们对《农业行业特有工种职业技能鉴定站管理办法（试行）》（农人劳〔1997〕13 号）进行了修订（修订后农人劳〔1997〕13 号同时废止），形成《农业行业职业技能鉴定站管理办法》、《农业行业职业资格证书管理办法》、《农业行业职业技能鉴定程序规范》以及《农业行业职业技能鉴定考评人员管理办法》。现印发给你们，请结合实际遵照执行。

附件 1 《农业行业职业技能鉴定站管理办法》

附件1

农业行业职业技能鉴定站管理办法

第一章　总　　则

第一条　为加强农业行业职业技能鉴定站科学化、规范化管理,根据国家职业技能鉴定有关规定和农业部《农业行业职业技能鉴定管理办法》,制定本办法。

第二条　农业行业职业技能鉴定站(以下简称鉴定站)是经国家主管部门批准设立的实施职业技能鉴定的场所,承担规定范围内的职业技能鉴定活动。

第三条　鉴定站由农业部统一规划和综合管理,农业部职业技能鉴定指导中心(以下简称部鉴定中心)和农业部各行业职业技能鉴定指导站(以下简称部行业指导站)负责业务指导,省级农业(含种植业、农机、农垦、畜牧、兽医、渔业、饲料工业、农村能源行业、乡镇企业等)行政主管部门具体管理。

第二章　设　　立

第四条　鉴定站的设立应根据本地区、本行业农业职业技能开发事业发展的需要合理布局。

第五条　鉴定站应具备以下条件:

(一)具有与所鉴定职业(工种)及其等级相适应的,并符合国家标准要求的考核场地、检测仪器等设备设施；

（二）具有专门的办公场所和办公设备；

（三）具有熟悉职业技能鉴定工作业务的专（兼）职组织管理人员和考评人员；

（四）具有完善的管理办法和规章制度。

第六条　鉴定站设立程序：

申请建立鉴定站的单位，应提交书面申请、可行性分析报告并填写《行业特有工种职业技能鉴定站审批登记表》，经省级农业行业行政主管部门审核后，上报部行业指导站初审，经行业司局同意，部鉴定中心汇总审核后，报农业部人事劳动司审定，由劳动和社会保障部批准并核发《职业技能鉴定许可证》，同时授予全国统一的特有工种职业技能鉴定站标牌。

第三章　管　理

第七条　鉴定站按照国家有关政策、规定和办法，对劳动者实施职业技能鉴定，负责职业技能鉴定考务工作，并对鉴定结果负责。

第八条　鉴定站实行站长负责制，站长由部行业指导站聘任，报部鉴定中心备案。站长原则上由承建单位主管领导担任。

第九条　鉴定站应建立健全考务管理、档案管理、财务管理以及与农业部有关规定配套的管理制度，并严格执行。

第十条　鉴定站应使用"国家职业技能鉴定考务管理系统"，进行鉴定数据上报、信息统计及日常管理。

第十一条　鉴定站应配备专兼职的财务管理人员，并严格执行所在地区有关部门批准的职业技能鉴定收费项目和标准。职业技能鉴定费用主要用于：组织职业技能鉴定场地、试题试卷、考务、阅卷、考评、检测及鉴定原材料、能源、设备消耗等方面。

第十二条　鉴定站应受理一切符合申报条件、规定手续人员参加职业技能鉴定,并依据国家职业标准,按照鉴定程序组织实施鉴定工作。

鉴定站有独立实施职业技能鉴定的权利,有权拒绝任何组织或个人提出的影响鉴定结果的非正当要求。

第十三条　鉴定站开展鉴定所用试题必须从国家题库中提取,并按有关要求做好试卷的申请、运送、保管和使用。未建立试题库的职业,试题由部行业指导站组织专家编制,经部鉴定中心审核确认后使用,或由部鉴定中心直接组织编制,未经审核确认的鉴定试题无效。

第十四条　鉴定站应从获得《国家职业技能鉴定考评员》资格的人员中聘用考评人员。实行考评人员回避制度。

第十五条　鉴定站应于每年 12 月 20 日前将当年工作总结和下年度的工作计划报送省级行业主管部门并抄报部行业指导站。

第十六条　鉴定站应加强质量管理,建立健全质量管理体系,逐步推行鉴定机构质量管理体系认证制度。

第四章　监督检查

第十七条　鉴定站接受部鉴定中心和部行业指导站的业务指导,同时接受上级农业行政主管部门和劳动保障部门的监督检查。

第十八条　对鉴定站实行定期评估制度。评估工作由部鉴定中心与部行业指导站共同组织实施,评估内容主要包括鉴定站的管理与能力建设、考务管理、考评人员使用管理、质量管理与违规等几个方面，评估采取自评与抽查相结合的形式。评估结果作为换发鉴定许可证和奖惩的重要依据。

第五章　附　　则

第十九条　本办法由农业部人事劳动司负责解释。

第二十条　本办法自颁发之日起施行。

批准文号:( )第 号

编 号:

行业特有工种职业技能鉴定站

审批登记表

承建单位: (盖章)

承建单位负责人: (签字)

联系电话:

E-mail:

申请日期: 年 月 日

劳动和社会保障部培训就业司 制

承建单位简况与建站条件

承建单位名称	
承建单位地址	
承建单位性质	
承建单位法人代表	
鉴定站管理 人员配备情况	
鉴定站管理 规章目录	

申请考核鉴定职业(工种)范围

职业(工种)编号	职业(工种)名称	等　级

鉴定场地	合　计	知识考试场地面积		技能考核场地面积	
鉴定设备	设备名称、型号	数量		设备名称、型号	数量
检测设备	设备名称、型号	数量		设备名称、型号	数量

推荐与审核、批准

承建单位 主管部门 推荐意见	（盖章） 　年　　月　　日
省级行业 主管部门 推荐意见	（盖章） 　年　　月　　日
省级劳动 保障部门 推荐意见	（盖章） 　年　　月　　日
行业部门职业 技能鉴定指导 中心审查	（盖章） 　年　　月　　日
行业主管部门 劳动工资机构 审核意见	（盖章） 　年　　月　　日
劳动保障部 培训就业司 核准	（盖章） 　年　　月　　日
备　注	

附件 2

农业行业职业资格证书管理办法

第一章 总 则

第一条 为规范农业行业职业资格证书(以下简称职业资格证书)管理,维护职业资格证书的严肃性和权威性,根据国家《职业资格证书规定》、《职业技能鉴定规定》及《农业行业职业技能鉴定管理办法》,制定本办法。

第二条 本办法所称职业资格证书是劳动者职业技能水平的凭证,是表明劳动者具有从事某一职业所必备的学识和技能的证明。

第三条 职业资格分为 5 个等级。即职业资格五级(初级)、职业资格四级(中级)、职业资格三级(高级)、职业资格二级(技师)、职业资格一级(高级技师)。

第四条 农业部人事劳动司负责职业资格证书的综合管理工作,并行使监督、检查的职能。

第二章 获 取

第五条 农业劳动者可通过参加职业技能鉴定、业绩评定、职业技能竞赛等方式申请获得职业资格证书。

第六条 参加职业技能鉴定理论知识考试和操作技能考试均合格者,可获得相应等级的职业资格证书。

第七条 对有重大发明、技术创新、获取专利以及攻克技术难关等的劳动者,经农业部职业技能鉴定指导中心(以下简称部鉴定中心)组织专家评定,可获得或晋升相应等级的职业资格证书。

第八条　参加国家级和省级职业技能竞赛分别取得前20名和前10名的人员,以及获得全国技术能手称号的人员,所从事职业设有高一级职业资格的,经农业部人事劳动司审定后可晋升一个职业等级。

第九条　职业资格证书核发程序:

(一)鉴定站按照有关规定上报鉴定结果;

(二)农业部行业职业技能鉴定指导站(以下简称部行业指导站)对鉴定结果进行初审,报部鉴定中心复核;

(三)部行业指导站按统一要求编号并打印证书;

(四)部鉴定中心受农业部人事劳动司委托核发证书;

(五)鉴定站将证书发放给被鉴定者本人。

第三章　使　用

第十条　职业资格证书是劳动者求职、任职、开业和上岗的资格凭证,是用人单位招聘、录用劳动者和确定劳动报酬的重要依据,也是境外就业、对外劳务合作人员办理技能水平公证的有效证件。

第十一条　对取得职业资格证书的劳动者,农业系统各类用人单位应优先安排就业、上岗,优先安排生产、经营承包、示范推广及政府补贴项目等。

第十二条　用人单位招用未取得相应职业资格证书的劳动者,从事实行就业准入制度的职业(工种)工作的,农业行业行政主管部门和当地劳动保障部门应责令限期改正。

第十三条　各级管理部门、用人单位应鼓励获得职业资格证书的劳动者不断提升技能水平,晋升职业资格等级。

第四章　管　理

第十四条　经农业部核准颁发的职业资格证书在全国范围内有效,其他任何鉴定机构不得重复鉴定。

第十五条　专业理论知识和操作技能考核鉴定的单项合格成绩,两年内有效。

第十六条　建立职业资格证书追溯制度,逐步完善证书查询系统。

第十七条　推行职业资格证书复核监察制度。对实行就业准入制度职业的持证人员,应加强业务培训和业绩考核,每三年由原鉴定站复核一次。鉴定站不得额外收取费用。

对涉及农产品质量安全,规范农资市场秩序,以及技术性强、服务质量要求高、关系广大消费者利益和人民生命财产安全的职业的从业人员,要加强职业资格证书监察。

第十八条　职业资格证书只限本人使用,涂改、转让者作废。

第十九条　因遗失、残损以及对外劳务合作等原因需要补发、换发职业资格证书的,证书持有者可向原鉴定站提出申请,并填写《补(换)发农业行业职业资格证书申请表》,按证书核发程序申请补发、换发证书。

第二十条　申请办理、补换发职业资格证书须按照国家有关部门的规定交纳证书工本费。

第二十一条　严禁伪造、仿制和违规发放职业资格证书,对有上述行为的单位和个人,按有关规定处理。

第五章 附 则

第二十二条 本办法由农业部人事劳动司负责解释。

第二十三条 本办法自颁发之日起施行。

补(换)发农业行业职业资格证书申请表(样表)

姓　　名		性别		民族		
工作单位				电话		
通讯地址						(照片)
文化程度				邮编		
身份证号码						
原证书号码				职业(工种)		
申请补(换)发证书理由						
职业技能鉴定站意见	原理论考试成绩			部鉴定中心(部行业指导站)意见		
	原实操考试成绩					
	年　月　日			年　月　日		

注:本表上报时须另附本人近期免冠一寸照片一张,用于办证使用。

附件 3

农业行业职业技能鉴定程序规范

第一条　为规范农业职业技能鉴定程序和行为,保证鉴定质量,根据《农业行业职业技能鉴定管理办法》,制定本规范。

第二条　本规范适用于全国各农业行业职业技能鉴定站(以下简称鉴定站)。

第三条　制定职业技能鉴定工作方案

鉴定站应于每次鉴定前对鉴定工作进行策划,制定职业技能鉴定工作方案。方案内容包括:本次鉴定的职业名称、等级;预计鉴定的人数;考生来源;鉴定时间、地点;考场的准备;考务人员和拟使用考评人员的计划安排;报名及资格审查。

第四条　发布职业技能鉴定公告

各鉴定站应在每次实施鉴定前 30 日发布公告或通知。内容包括:

(一)鉴定职业(工种)的名称、等级;

(二)鉴定对象的申报条件;

(三)报名地点、时限,收费项目和标准;

(四)鉴定方法和参考教材;

(五)鉴定时间和地点。

第五条　组织报名

鉴定站自公告或通知发布之日起组织报名。申请人填写《农业行业职业技能鉴定申报审批表》,并附上身份证、学业证明、现等级《职业资格证书》的复印件、本人证件照片 3 张(小 2

寸,用于申报审批表、准考证、证书),到指定地点向鉴定站提出申请。

鉴定站根据国家职业标准规定的申报条件,对申请人进行资格审查,将符合条件者的基本信息录入"国家职业技能鉴定考务管理系统",并将《上报报名数据》报送农业部行业职业技能鉴定指导站(以下简称部行业指导站),同时打印《职业技能鉴定报名花名册》和《准考证》(准考证应贴有本人小2寸证件照片并加盖鉴定站印章)。

第六条 组建考评小组

(一)每次实施考核鉴定前,由鉴定站根据所鉴定的职业(工种)和鉴定对象数量组建若干个考评小组。考评小组成员由获得考评员资格的人员担任,在受聘鉴定站的领导下开展工作。

(二)考评小组至少由3人组成,设组长1名。组长由鉴定站从具有一定组织管理能力和从事3次以上职业技能鉴定工作经验的考评人员中指定。组长全面负责考评小组的工作,并具有最终裁决有争议技术问题的权利。

(三)考评小组成员在同一鉴定站从事同一职业(工种)考评工作不得连续超过3次。

(四)考评小组应接受鉴定站及质量督导员的监督和指导。

第七条 提取职业技能鉴定试卷

鉴定站于实施鉴定前一周,通过《试卷需求报告》向部行业指导站申请提取试卷。试卷一律从国家题库中提取。对于暂未建立和颁布国家题库的职业(工种),由部行业指导站组织编制试卷,经部鉴定中心审定后使用;也可由部鉴定中心直接组织编制试卷。

试卷应采用保密方式以清样形式由专人发送。发送的主要内容为:试卷、标准答案、评分标准和操作技能鉴定技术准备通知单等。

鉴定站要由专人接收和保管试卷,并按国家有关印刷、复制秘密载体的规定由专人印制或监印。

试卷运行的各个环节应严格按照保密规定实行分级管理负责制,一旦发生失密,须立即采取相应补救措施并追究相关人员责任。

第八条 考前准备

依据考生数量及任务要求,鉴定站应按时提供符合鉴定要求的场地及必要的鉴定工作条件。主要包括考场设置、考务人员安排、鉴定所需物品和后勤服务等内容。

鉴定站应提前向上级或当地农业行业行政主管部门申请派遣质量督导员,负责现场督考工作。

第九条 实施鉴定

考生应在规定的时间内,持本人身份证、《准考证》到指定的场所参加职业技能鉴定。

鉴定分理论知识考试和操作技能考试两项。理论考试采用单人单桌闭卷笔试方式;操作技能考试一般采用现场考核、典型作业项目或模拟操作考试,并辅之以口试答辩等形式。

理论知识考试监考人员须严格遵守有关规定,认真履行职责,并填写《职业技能鉴定理论考试考场简况表》,阅卷采用流水作业形式。操作技能考试考评小组依据考评规范组织考评工作,考评人员根据评分标准进行评分并填写《职业技能鉴定实操考试考场简况表》。

第十条 呈报鉴定结果

鉴定站应在每次鉴定结束 10 个工作日内,将《上报成绩数据》报送部行业指导站,同时将《鉴定组织实施情况报告单》一式两份报部行业指导站审核。

第十一条　核发职业资格证书

证书的核发按照《农业行业职业资格证书管理办法》规定执行。鉴定站负责打印《职业技能鉴定合格人员名册》和并将证书发给本人。

第十二条　资料归档

每次鉴定完毕,鉴定站须将以下资料归档:

1.《职业技能鉴定合格人员名册》;

2.《鉴定组织实施情况报告单》;

3.《职业技能鉴定理论考试考场简况表》、《职业技能鉴定实操考试考场简况表》;

4.《职业技能鉴定报名花名册》;

5. 申报人员《农业行业职业技能鉴定申报审批表》;

6. 鉴定公告(通知);

7. 理论知识考试、操作技能考试样卷以及标准答案、评分标准等;

8. 鉴定考生试卷(至少保存两年)。

第十三条　本规范由农业部人事劳动司负责解释。

第十四条　本规范自颁发之日起施行。

农业行业职业技能鉴定申报审批表(样表)

姓　名		性别		民族		
文化程度		出生年月				
身份证号码						
工作单位			电话			
通讯地址			邮编			
参加工作时间			原职业名称			
原证书等级			原证书编号			
申报职业		申报职业工龄			申报等级	
个人工作简历						
参加培训情况						

本人承诺:所提供的个人信息和证明材料真实准确,对因提供有关信息、证件不实或违反有关规定造成的后果,责任自负。

签字:　　年　月　日

职业技能鉴定站意见	

填表日期:　　年　月　日

鉴定组织实施情况报告单(样表)

鉴定站印章:

鉴定机构名称					代码	
鉴定时间						
序号	鉴定职业	鉴定等级	参加鉴定人数	鉴定合格人数	合格率	
考评小组组成						
鉴定实施情况						
现场督考情况	督导员签名: 年 月 日					
备注						

鉴定站负责人(签字): 年 月 日

附件 4

农业行业职业技能鉴定考评人员管理办法

第一章　总　　则

第一条　为加强农业行业职业技能鉴定考评人员(以下简称考评人员)队伍的建设和管理,保证职业技能鉴定质量,根据农业部《农业行业职业技能鉴定管理办法》,制定本办法。

第二条　考评人员是指在规定的职业、等级和类别范围内,按照统一标准和规范,对职业技能鉴定对象进行考核、评价的人员。

第三条　考评人员分为考评员和高级考评员两个等级。考评员可以承担国家职业资格五级(初级)、四级(中级)、三级(高级)人员的职业技能鉴定,高级考评员可以承担各等级的考核、评价工作。

第二章　资格认定

第四条　考评人员应热爱本职工作,具有良好的职业道德和敬业精神,廉洁奉公,办事公道,作风正派。

第五条　考评人员应掌握必要的职业技能鉴定理论、技术和方法,熟悉职业技能鉴定的有关法律、规定和政策。

第六条　考评人员应具有二级以上职业资格或者中级专业技术职务以上的资格,高级考评员应具有一级职业资格或副高级以上专业技术职务资格。

第七条　考评人员资格由本人提出申请,所在单位同意,填写《农业行业职业技能鉴定考评人员审批登记表》，经省级农业（含种植业、农机、农垦、畜牧、兽医、渔业、饲料工业、农村能源行业、乡镇企业等）行业行政主管部门审核同意，报农业部职业技能鉴定指导中心（以下简称部鉴定中心）或农业部行业职业技能鉴定指导站（以下简称部行业指导站）。

第八条　考评人员的培训、考核由各行业职业技能鉴定指导站组织，部鉴定中心进行资格认证，报请劳动和社会保障部颁发国家统一的考评员资格证（卡）。

第三章　职　责

第九条　考核鉴定前，考评人员应熟悉本次鉴定职业（工种）的项目、内容、要求及评定标准，查验考核场地、设备、仪器及考核所用材料。

第十条　考评过程中，考评人员应遵守考评人员守则，独立完成各自负责的任务，严格按照评分标准及要求逐项测评打分，认真填写考评记录并签名。

考评人员有权拒绝任何单位和个人提出的非正当要求，对鉴定对象的违纪行为，视情节轻重可给予劝告、警告、终止考核或宣布成绩无效等处理，并及时向上级主管部门报告。

第十一条　鉴定结束后，考评人员应及时反映鉴定工作中存在的问题并提出合理化意见和建议。

第十二条　考评人员应加强职业技能鉴定业务知识、专业理论和操作技能的学习，不断提高鉴定工作水平。

第四章　管　理

第十三条　考评人员由部鉴定中心综合管理，省级农业行业行政主管部门会同行业指导站具体负责考评人员的监督管理。

第十四条 实行聘任制,每个聘期不超过三年。农业行业职业技能鉴定站与考评人员签订聘任合同,明确双方的责任、权利和义务。

第十五条 考评人员每次实施考评后,鉴定站可参考当地主管部门制定的补助标准给予津贴补助。

第十六条 实行轮换工作制度。每个考评人员在同一个鉴定站从事同一个职业(工种)的考评工作不得连续超过三次。

第十七条 实行"培考分开"的原则,考评人员不得对本人参与培训的人员进行鉴定。

第十八条 实行回避制度。考评人员在遇到直系亲属被鉴定时,应主动提出回避。

第十九条 实行年度评估制度。鉴定站应对聘用的考评人员建立考绩档案,并对考评人员进行年度评估。

第五章 换 证

第二十条 考评人员资格有效期为三年,有效期满应申请换发证书(卡)。

第二十一条 资格有效期满的考评人员,一般须经再培训,重新取得考评人员资格后,获得考评员资格证(卡)。

第二十二条 在资格有效期内,考评人员符合下列条件之一者可直接换发证(卡):

(一)凡年度评估良好及以上,并每年参加考评工作三次(含三次)以上的;

(二)对职业技能鉴定工作有深入研究并公开发表相关文章

或论文的；

(三)参与国家职业标准、培训教材、鉴定试题编写工作的。

第二十三条　符合直接换证(卡)条件的考评人员,填写《农业行业职业技能鉴定考评人员资格有效期满换证(卡)审批表》,附本人资格有效期内的考评工作总结、技术成果复印件和本人考评员原证(卡)、聘任合同等材料,经受聘鉴定站初审,省级农业行业行政主管部门、部行业指导站、部鉴定中心复审,报劳动和社会保障部核准后,换发新的考评员证(卡)。

第二十四条　资格有效期满考评员换证(卡)工作每年6月份进行一次。

第六章　奖　　惩

第二十五条　对聘期内考核优秀的,给予表彰奖励,并作为推荐全国农业职业技能开发先进个人表彰的依据。

第二十六条　对在工作中违反考评人员工作守则、弄虚作假、徇私舞弊的,视情节轻重,给予警告、通报批评直至取消考评人员资格的处罚,情节严重的,建议其所在单位给予必要的处分。

第七章　附　　则

第二十七条　本办法由农业部人事劳动司负责解释。

第二十八条　本办法自颁发之日起施行。

农业行业职业技能鉴定考评人员审批登记表(样表)

姓 名		性别		出生日期		照
所学专业		学历		行政职务		片
专业技术 职 务		从事的 工 作				(1寸)
拟考评的 职业(工种)						
身份证号		等级	考评员／高级考评员			
工作单位				邮编		
通讯地址				电话		
工作 简历						
单位推荐 意 见		盖 章 年 月 日				
省、区、 市行政主 管部门推 荐意见		盖 章 年 月 日				
农业部职 业技能鉴 定指导中 心意见		盖 章 年 月 日				
培训时间			考核成绩			
胸卡编号： 核发时间： 年 月 日						

农业行业职业技能鉴定考评人员
资格有效期满换证（卡）审批表

姓名		性别		出生年月		贴照片处
工作单位						
考评职业				发证日期		
原证书编号			身份证号			
原等级			通讯地址			
邮编			电话			
本人鉴定工作简历					年　月　日	
农业行业职业技能鉴定站意见					年　月　日	
省（自治区、直辖市）农业行业主管部门意见			农业部行业职业技能鉴定指导站意见		年　月　日	
农业部职业技能鉴定指导中心意见					年　月　日	

注：本表上报时需另附本人近期免冠一寸照片一张，用于办证（卡）使用。

国家职业技能标准编制技术规程

人社厅发〔2012〕72号

1 范 围

本规程规定了国家职业技能标准（简称技能标准）的结构内容、编写表述及格式要求，并给出了有关表述样式。

本规程适用于《中华人民共和国职业分类大典》中所列职业的技能标准编写。

2 术语和定义

2.1 职业

从业人员为获得主要生活来源所从事的社会工作类别。

2.2 国家职业技能标准

在职业分类的基础上，根据职业的特性、技术工艺、设备材料及生产方式等要求，对从业人员的理论知识和操作技能提出的综合性水平规定。它是开展职业教育培训和职业技能鉴定，以及用人单位录用、使用人员的基本依据。

2.3 职业分类

按照职业的工作性质、活动方式等异同，对社会职业及其类别所进行的系统划分和归类。

2.4 职业技能鉴定

基于职业技能水平的考核活动,属于标准参照型考试。是由经过政府批准的考核鉴定机构对从业人员从事某种职业所应掌握的理论知识和操作技能做出客观的测量和评价,是国家职业资格证书制度的重要组成部分。

3 总　则

3.1 指导思想

依据《中华人民共和国劳动法》,根据经济社会发展和科学技术进步的需要,建立"以职业活动为导向、以职业能力为核心"的职业技能标准体系。

3.2 工作目标

技能标准应满足企业生产经营和人力资源管理的需要,满足职业教育培训和职业技能鉴定的需要,促进人力资源市场的发展和从业人员素质的提高。

3.3 编制原则

3.3.1 整体性原则

技能标准应反映该职业活动在我国的整体状况和水平,不仅要突出该职业当前对从业人员主流技术、主要技能的要求,反映该职业活动的一般状况和水平,而且还应兼顾不同地域或行业间可能存在的差异,同时还应考虑其发展趋势。

本原则是技能标准的定位原则,一般应定位于全国平均先进水平上,且是多数人经过努力能够达到的水平。

3.3.2 规范性原则

技能标准中的文体和术语应保持一致;内容结构、表述方法应符合本规程的要求;文字描述应简洁、明确且无歧义;所用技术术语与文字符号应符合国家最新技术标准。

3.3.3 实用性原则

技能标准不仅应全面、客观地反映工作现场对从业人员的理论知识和操作技能的要求,而且应符合职业教育培训、职业技能鉴定和企业人力资源管理工作的需要。

3.3.4 可操作性原则

技能标准的内容应力求具体化,可度量和可检验,便于实施,易于理解。

4 结构和内容

技能标准包括:职业概况、基本要求、工作要求和比重表四部分,总体结构见《国家职业技能标准结构图》(见附录 A)。

4..1 职业概况

包括:职业编码、职业名称、职业定义、职业技能等级、职业环境条件、职业能力倾向、普通受教育程度、职业培训要求、职业技能鉴定要求 9 项内容。

4.1.1 职业编码

每个职业在《中华人民共和国职业分类大典》中的唯一代码,应采用《中华人民共和国职业分类大典》确定的职业编码。

4.1.2　职业名称

最能反映职业特点的称谓,应采用《中华人民共和国职业分类大典》确定的职业名称。

4.1.3　职业定义

对职业活动的内容、方式、范围等的描述和解释,应采用《中华人民共和国职业分类大典》确定的职业定义。

4.1.4　职业技能等级

根据从业人员职业活动范围、工作责任和工作难度的不同而设立的级别。职业技能等级共分为五级,由低到高分别为:五级/初级技能、四级/中级技能、三级/高级技能、二级/技师、一级/高级技师。应根据职业的实际情况,参照《职业技能等级划分依据》(见附录 B)设立连续等级,可不设立高等级或低等级。

4.1.5　职业环境条件

从业人员所处的客观劳动环境。应根据职业的实际情况,参照《职业环境条件描述要素》(见附录 C)进行客观描述。

4.1.6　职业能力倾向

从业人员在学习和掌握必备的职业知识和技能时所需具备的基本能力和潜力。应根据职业的实际情况,参照《职业能力倾向描述要素》(见附录 D)将影响从业人员职业生涯发展的必备核心要素列出。

4.1.7　普通受教育程度

从业人员初入本职业时所需具备的最低学历要求。应根据职业的实际情况,从下列表述中选择其一进行描述:

1)初中毕业(或相当文化程度)。

2)高中毕业(或同等学力)。

3)大学专科毕业(或同等学力)。

4)大学本科毕业(或同等学力)。

4.1.8　职业培训要求

包括:晋级培训期限、培训教师、培训场所设备3项内容。

1)晋级培训期限

从业人员达到高一级技能等级需要接受培训(包括理论知识学习和操作技能练习)的最低时间要求,应以标准学时数表示。

示例:

晋级培训期限:初级技能不少于××标准学时;中级技能不少于××标准学时;高级技能不少于××标准学时;技师不少于××标准学时;高级技师不少于××标准学时。

2)培训教师

对晋级培训中承担理论知识或操作技能教学任务的人员要求。应根据职业的实际情况和培训对象的技能等级,提出要求:

——理论知识培训教师应具有的专业技术职务任职资格等级和年限。

——操作技能培训教师应具有的国家职业资格证书等级和年限。

3)培训场所设备

实施职业培训所必备的场所和设施设备要求。应对理论知识和操作技能培训场所设备分别进行描述:

——理论知识培训所需的教学场地要求和必备的教学仪器设备。

——操作技能培训所需的场地要求和必备的设施设备。

4.1.9　职业技能鉴定要求

包括：申报条件、鉴定方式、监考及考评人员与考生配比、鉴定时间、鉴定场所设备 5 项内容。

1）申报条件

申请参加本职业相应技能等级职业技能鉴定的人员必须具备的学历、培训经历和工作经历等有关条件。应根据职业的实际情况，参照《申请参加职业技能鉴定的条件》（见附录 E）进行描述。原则上，各职业的申报年限不应低于规定的要求；国家有特殊规定的执行国家规定。如需对申报条件进行调整，须提交相关文字说明。

2）鉴定方式

理论知识考试、操作技能考核及综合评审的方法和形式。应根据职业的特点，对上述内容分别进行详细说明。

理论知识考试以纸笔考试为主，主要考核从业人员从事本职业应掌握的基本要求和相关知识要求；操作技能考核主要采用现场操作、模拟操作等方式进行，主要考核从业人员从事本职业应具备的职业能力水平；综合评审主要针对技师和高级技师，通常采取审阅申报材料、论文答辩等方式进行全面评议和审查。

理论知识考试和操作技能考核均实行百分制，成绩皆达 60 分及以上者为合格。

3）监考及考评人员与考生配比

在理论知识考试中的监考人员、操作技能考核中的考评人员与考生数量的比例，以及综合评审委员的最低人数。应根据职业的特点，分别进行描述。

示例：

理论知识考试中的监考人员与考生配比为 1∶××,每个标准教室不少于 2 名监考人员;操作技能考核中的考评人员与考生配比为 1∶×,且不少于 3 名考评人员;综合评审委员不少于×人。

4)鉴定时间

理论知识考试、操作技能考核和综合评审的最低时间要求。应根据职业的特点及技能等级要求具体确定,时间单位用分钟(min)表示。

5)鉴定场所设备

实施职业技能鉴定所必备的场所和设施设备要求。应对理论知识和操作技能鉴定场所设备分别进行描述:

——理论知识考试所需的场地要求和必备的仪器设备。

——操作技能考核所需的场地要求和必备的设施设备。

4.2　基本要求

包括:职业道德和基础知识两部分。

4.2.1　职业道德

从业人员在职业活动中应遵循的基本观念、意识、品质和行为的要求,即一般社会道德在职业活动中的具体体现。主要包括:职业道德基本知识、职业守则两部分,通常在技能标准中应列出能反映本职业特点的职业守则。

4.2.2　基础知识

各等级从业人员都必须掌握的通用基本理论知识、安全知识、环境保护知识和有关法律法规知识等。应本着实用、够用的原则,将与本职业密切相关并贯穿于整个职业的核心基础知识列出。

4.3 工作要求

包括:职业功能、工作内容、技能要求、相关知识要求四项内容(见表1)。

表1 工作要求

职业功能	工作内容	技能要求	相关知识要求
1. ×× ××	1.1 ×× ××	1.1.1××× 1.1.2××××××	1.1.1××××× 1.1.2×××××
	1.2 ×× ××	1.2.1××××× 1.2.2×××××	1.2.1××××× 1.2.2××××
2. ×× ××	2.1 ×× ××	2.1.1××××× 2.1.2×××××	2.1.1××××× 2.1.2××××× ×
	2.2 ×× ××	2.2.1××××	2.2.1××××× 2.2.2××××
	......	......	......
......	......	......	......

工作要求是在对职业活动内容进行分解和细化的基础上,从知识和技能两个方面对从业人员完成各项具体工作所需职业能力的描述。它是技能标准的核心部分。

工作要求应根据职业活动范围的宽窄、工作责任的大小、工作难度的高低或技术复杂程度分等级进行编写。各等级应依次递进,高级别涵盖低级别的要求。

4.3.1 职业功能

从业人员所要实现的工作目标,或是本职业活动的主要方面(活动项目)。应根据职业的特点,按照工作领域、工作项目、工作程序、工作对象或工作成果等进行划分。具体要求为：

1）每个职业功能都应是：可就业的最小技能单元；从业人员的主要工作职责之一，定期出现；可独立进行培训和考核。

2）职业功能的划分标准要统一，通常情况下，每个等级的职业功能应不少于 3 个。

3）职业功能的规范表述形式是："动词＋宾语"，如"打制样板"；或"宾语＋动词"，如"市场调查"、"发动机修理"；或"动词"，如"缝制"、"剪裁"。

4）通常情况下，职业功能在各技能等级中是一致的，在二级/技师和一级/高级技师的技能等级中，可增加"技术管理和培训"等内容。

4.3.2　工作内容

完成职业功能所应做的工作，是职业功能的细分。可按工作种类划分，也可以按照工作程序划分。具体要求为：

1）每个工作内容都应是：有清楚的开始和结尾；能观察到的具体工作单元；都会完成一项服务或产生一种结果。

2）通常情况下，每项职业功能应包含 2 个或 2 个以上的工作内容。

3）工作内容的规范表述形式与职业功能相同。

4.3.3　技能要求

完成每一项工作内容应达到的结果或应具备的能力，是工作内容的细分。具体要求为：

1）技能要求的内容应是从业人员自己可独立完成的，其描述应具有可操作性，对每一项技能应有具体的描述，能量化的一定要量化；对于不同技能等级中同一项工作或技能，应分别写出不同的具体要求，不可用"了解"、"掌握"、"熟悉"等词语或仅用程度副词来区分技能等级。

2)技能要求的规范表述形式为:"能(在……条件下)做(动词)……",如:"能车削普通螺纹、英制螺纹"、"能根据服装原型的要求,测量人体的净体数据"、"能在 1 分钟之内输入 60 个英文字符,准确率达到 90％"。

3)技能要求中涉及工具设备的使用时,不能单纯要求"能使用……工具或设备",而应写明"能使用……工具或设备做……"。

4.3.4　相关知识要求

达到每项技能要求必备的知识。应列出完成职业活动所需掌握的技术理论、技术要求、操作规程和安全知识等知识点。相关知识要求与技能要求对应,应指向具体的知识点,而不是宽泛的知识领域。

4.4　比重表

包括:理论知识比重表和操作技能比重表两部分,应按理论知识比重表和操作技能比重表分别编写。其中,理论知识比重表应反映基础知识和各技能等级职业功能对应的相关知识要求在培训、考核中所占的比例(见表 2);操作技能比重表应反映各技能等级职业功能对应的技能要求在培训、考核中所占的比例(见表 3)。

表 2　理论知识比重表

技能等级	项目	×× (％)	×× (％)	……
基本 要求	职业道德	5	5	5
	基础知识	×	×	×

（续）

技能等级 ╲ 项目		×× (%)	×× (%)	……
相关 知识 要求	职业功能1	×	×	×
	职业功能2	×	×	×
	职业功能3	×	×	×
	……	……	……	……
合　　计		100	100	100

表3　操作技能比重表

技能等级 ╲ 项目		×× (%)	×× (%)	……
技能 要求	职业功能1	×	×	×
	职业功能2	×	×	×
	职业功能3	×	×	×
	……	……	……	……
合　　计		100	100	100

5　编制程序

　　包括：技能标准立项和技能标准开发两部分，具体见《国家职业技能标准编制工作流程图》（见附录 F）。

5.1　技能标准立项

5.1.1　提出申请

　　每年第二季度或第四季度，技能标准开发承担单位〔行业或地方职业技能鉴定（指导）中心]向人力资源和社会保障部职业技能鉴定中心或中国就业培训技术指导中心（简称部中心）提出技能标准开发（含修订，下同）申请。

5.1.2　技术审查

部中心对技能标准开发申请进行登记、汇总和技术审查，并将结果报人力资源和社会保障部职业能力建设司（简称部职业能力司）。

5.1.3　下发计划

经部职业能力司审核同意后，下发技能标准开发计划。

5.2　技能标准开发

5.2.1　成立专家工作组

技能标准开发承担单位根据技能标准开发计划组建专家工作组。

专家工作组可由7～15名专家组成，包括方法专家、内容专家和实际工作专家。方法专家由熟悉《国家职业技能标准编制技术规程》和技能标准编制方法的专家担任；内容专家由长期从事该职业理论研究和教学工作的专家担任；实际工作专家由长期从事该职业活动的管理者或操作人员担任。实际工作专家应占专家工作组总人数的一半以上；专家工作组应确定组长和主笔人。

5.2.2　开展职业调查和职业分析

技能标准开发承担单位应组织力量开展职业调查，了解该职业的活动目标、工作领域、发展状况、从业人员数量、层次、薪酬水平和社会地位，以及从业人员必备的知识和技能等。职业调查可以由专家工作组承担，也可以委托专门工作机构进行。

在职业调查的基础上,由专家工作组进行职业分析,为技能标准编制做好前期准备。

5.2.3　召开技能标准编制启动会

技能标准开发承担单位组织召开技能标准编制启动会。与会专家学习《国家职业技能标准编制技术规程》,经过充分研讨,确定技能标准编制的具体工作程序、时间进度安排,以及技能标准的基本框架结构。

5.2.4　编写技能标准初稿

专家工作组按照技能标准编制启动会确定的程序、框架结构等,结合职业调查和职业分析的结果,编写技能标准初稿。

5.2.5　审定和颁布

1)技术审查与意见征求

技能标准初稿编制完成后,由部中心进行技术审查;专家工作组根据技术审查意见对技能标准做进一步修改,形成技能标准(征求意见稿)。

技能标准开发承担单位将技能标准(征求意见稿)下发相关机构征求意见,并将意见反馈专家工作组,由专家工作组对技能标准再次做出修改,形成技能标准(送审稿)。

2)审定

技能标准(送审稿)通过部中心技术审查后,由部中心组织召开技能标准终审会,组织业内权威人士对技能标准进行最后审定,并形成专家审定意见。

3)技能标准颁布

专家工作组根据专家审定意见做好技能标准修改,形成技能标准(报批稿)。技能标准开发承担单位将技能标准(报批稿)、专家审定意见及技能标准颁布申请等有关材料上报部中心技术审查,经部职业能力司审核后,由人力资源和社会保障部颁布施行。

附录 A

国家职业技能标准结构图

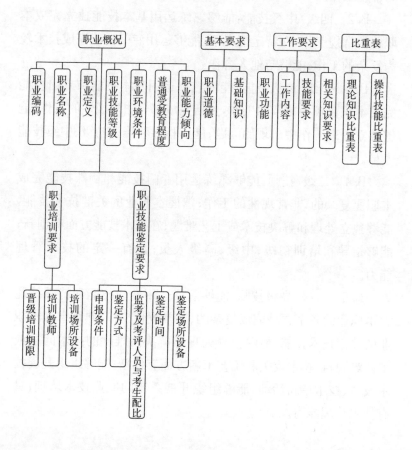

附录 B

职业技能等级划分依据

B.1　五级/初级技能:能够运用基本技能独立完成本职业的常规工作。

B.2　四级/中级技能:能够熟练运用基本技能独立完成本职业的常规工作;在特定情况下,能够运用专门技能完成技术较为复杂的工作;能够与他人合作。

B.3　三级/高级技能:能够熟练运用基本技能和专门技能完成本职业较为复杂的工作,包括完成部分非常规性的工作;能够独立处理工作中出现的问题;能够指导和培训初级、中级技能人员。

B.4　二级/技师:能够熟练运用专门技能和特殊技能完成本职业复杂的、非常规性的工作;掌握本职业的关键技术技能,能够独立处理和解决技术或工艺难题;在技术技能方面有创新;能够指导和培训初级、中级、高级人员;具有一定的技术管理能力。

B.5　一级/高级技师:能够熟练运用专门技能和特殊技能在本职业的各个领域完成复杂的、非常规性工作;熟练掌握本职业的关键技术技能,能够独立处理和解决高难度的技术问题或工艺难题;在技术攻关和工艺革新方面有创新;能够组织开展技术改造、技术革新活动;能够组织开展系统的专业技术培训·具有技术管理能力。

附录 C

<h2 style="text-align:center">职业环境条件描述要素</h2>

C.1　工作地点

室内:指从事该职业的人员在室内工作的时间超过 75%。

室外:指从事该职业的人员在室外工作的时间超过 75%。

室内、外:指从事该职业的人员在室内、外工作的时间大体相等。

C.2　温度变化

低温:指从事该职业的人员在 0℃ 以下的环境中工作的时间超过 30%。

常温:指从事该职业的人员在 0℃ 以上至 38℃ 以下的环境中工作的时间超过 30%。

高温:指从事该职业的人员在 38℃ 以上的环境中工作的时间超过 30%。

C.3　潮湿:指接触水或大气中空气相对湿度平均大于或等于 80%。

C.4　噪声:指在工作时间内噪声强度等于或大于 85 分贝(dBA)。

C.5　大气条件

有毒有害:指环境中有毒、有害物质的浓度超过国家有关规定标准。

粉尘:指空气中的粉尘浓度超过国家有关规定标准。

C.6　其他条件

附录 D

职业能力倾向描述要素

D.1　一般智力:主要指学习能力,即获取、领会和理解外界信息的能力,以及分析、推理和判断的能力。

D.2　表达能力:以语言或文字方式有效地进行交流、表述的能力。

D.3　计算能力:准确而有目的地运用数字进行运算的能力。

D.4　空间感:凭思维想象几何形体和将简单三维物体表现为二维图像的能力。

D.5　形体知觉:觉察物体、图画或图形资料中有关细部的能力。

D.6　色觉:辨别颜色的能力。

D.7　手指灵活性:迅速、准确、灵活地运用手指完成既定操作的能力。

D.8　手臂灵活性:熟练、准确、稳定地运用手臂完成既定操作的能力。

D.9　动作协调性:根据视觉信息协调眼、手、足及身体其他部位,迅速、准确、协调地做出反应,完成既定操作的能力。

D.10　其他

附录 E

申请参加职业技能鉴定的条件

E.1 具备以下条件之一者,可申报五级/初级技能:

(1)经本职业五级/初级技能正规培训达到规定标准学时数,并取得结业证书。

(2)连续从事本职业工作 1 年以上。

(3)本职业学徒期满。

E.2 具备以下条件之一者,可申报四级/中级技能:

(1)取得本职业五级/初级技能职业资格证书后,连续从事本职业工作 3 年以上,经本职业四级/中级技能正规培训达到规定标准学时数,并取得结业证书。

(2)取得本职业五级/初级技能职业资格证书后,连续从事本职业工作 4 年以上。

(3)连续从事本职业工作 6 年以上。

(4)取得技工学校毕业证书;或取得经人力资源社会保障行政部门审核认定、以中级技能为培养目标的中等及以上职业学校本专业毕业证书(含尚未取得毕业证书的在校应届毕业生)。

E.3 具备以下条件之一者,可申报三级/高级技能:

(1)取得本职业四级/中级技能职业资格证书后,连续从事本职业工作 4 年以上,经本职业三级/高级技能正规培训达到规定标准学时数,并取得结业证书。

(2)取得本职业四级/中级技能职业资格证书后,连续从事本职业工作 5 年以上。

(3)取得四级/中级技能职业资格证书,并具有高级技工学校、技师学院毕业证书;或取得四级/中级技能职业资格证书,并经人力资源社会保障行政部门审核认定、以高级技能为培养目标、具有高等职业学校本专业毕业证书(含尚未取得毕业证书的在校应届毕业生)。

(4)具有大专及以上本专业或相关专业毕业证书[①],并取得本职业四级/中级技能职业资格证书,连续从事本职业工作2年以上。

E.4 具备以下条件之一者,可申报二级/技师:

(1)取得本职业三级/高级技能职业资格证书后,连续从事本职业工作3年以上,经本职业二级/技师正规培训达到规定标准学时数,并取得结业证书。

(2)取得本职业三级/高级技能职业资格证书后,连续从事本职业工作4年以上。

(3)取得本职业三级/高级技能职业资格证书的高级技工学校、技师学院本专业毕业生,连续从事本职业工作3年以上;取得预备技师证书的技师学院毕业生连续从事本职业工作2年以上。

E.5 具备以下条件之一者,可申报一级/高级技师:

(1)取得本职业二级/技师职业资格证书后,连续从事本职业工作3年以上,经本职业一级/高级技师正规培训达到规定标准学时数,并取得结业证书。

(2)取得本职业二级/技师职业资格证书后,连续从事本职业工作4年以上。

---

① 须根据职业实际情况,确定本职业的本专业或相关专业的范围。

附录 F

国家职业技能标准编制工作流程图

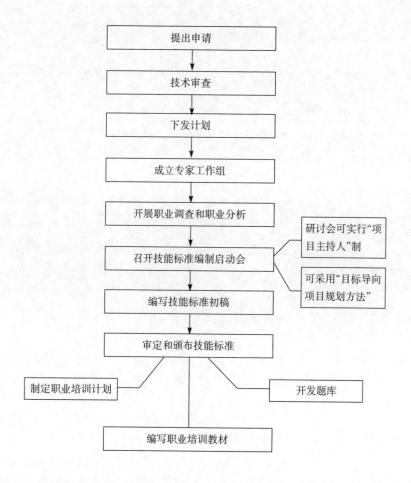